高等职业教育工业机器人技术专业系列教材

工业机器人系统集成

主 编 皇甫勇兵

北京理工大学出版社
BEIJING INSTITUTE OF TECHNOLOGY PRESS

内容简介

本教材是针对工业机器人技术职业典型工作任务学习领域课程开发的活页式教材，是强调学生主动学习和有效学习的新教材。本教材的特点是在学习与工作一体化的情境下，引领学生完成"工业机器人集成的设计、安装与调试"这一职业典型工作任务，经历完整的学习与工作过程，在培养专业能力的同时，促进其关键能力的培养和综合素质的提高，从而发展学生的综合职业能力。

本教材对接工业机器人系统操作员、工业机器人系统运维员等岗位职业能力要求，内容分为工业机器人系统集成准备、单台工业机器人工作站系统集成、双台工业机器人协作工作站系统集成、多机器人工作站站间集成技术、工业机器人系统运行与维护、智能制造 MES 系统与工业互联网六个学习情境，涵盖了工业机器人系统集成的技术要点。

版权专有　侵权必究

图书在版编目（CIP）数据

工业机器人系统集成 / 皇甫勇兵主编 . -- 北京：北京理工大学出版社，2024.3
　　ISBN 978-7-5763-3751-8

Ⅰ.①工⋯　Ⅱ.①皇⋯　Ⅲ.①工业机器人-系统集成技术-教材　Ⅳ.①TP242.2

中国国家版本馆 CIP 数据核字（2024）第 066001 号

责任编辑：王梦春	文案编辑：辛丽莉
责任校对：周瑞红	责任印制：施胜娟

出版发行 /	北京理工大学出版社有限责任公司
社　　址 /	北京市丰台区四合庄路 6 号
邮　　编 /	100070
电　　话 /	（010）68914026（教材售后服务热线）
	（010）68944437（课件资源服务热线）
网　　址 /	http://www.bitpress.com.cn
版 印 次 /	2024 年 3 月第 1 版第 1 次印刷
印　　刷 /	河北盛世彩捷印刷有限公司
开　　本 /	787 mm×1092 mm　1/16
印　　张 /	10.5
字　　数 /	216 千字
定　　价 /	46.00 元

图书出现印装质量问题，请拨打售后服务热线，负责调换

序

亲爱的同学：

你好！欢迎你使用《工业机器人系统集成》教材！

与过去使用的传统教材相比，这本活页式教材将是一种全新的学习材料，它能帮助你更好地了解未来的工作及其要求。通过这本活页式教材，你将学习如何完成工业机器人集成领域中重要的、典型的工作，这将促进你的综合职业能力发展，使你有可能在短时间内成为工业机器人领域的技术能手！

在正式开始学习之前请仔细阅读以下内容，了解即将开始的全新教学模式，做好相应的学习准备。

1. 主动学习

在学习过程中，你将获得与以往完全不同的学习体验，因为这种模式与传统课堂讲授为主的教学有着本质的区别——你是学习的主体，自主学习将成为本课程的主旋律。工作能力只有靠自己亲自实践才能获得，而不能依靠教师的知识传授与技能指导。在工作过程中获取的知识最为牢固，而教师在你的学习和工作过程中只能对你进行方法的指导，为你的学习与工作提供帮助。比如说，教师可以向你传授码垛机器人是如何进行码垛的，给你解释机器人末端执行器的选择依据，教你如何运用机器人操作规范进行安装调试等。但在学习中，这些都是外因，你的主动学习与工作才是内因，外因只能通过内因起作用。你想成为机器人领域内的技术能手，你必须主动、积极、亲自去完成从设计到编程直至安装调试的整个集成过程，通过完成工作任务从而学会工作。主动学习将伴随你的职业生涯成长过程，它可以使你快速适应新工艺、新技术。

2. 用好工作活页

首先，要深刻理解学习情境的每一个学习目标，利用这些目标指导自己的学习并评价自己的学习效果；其次，要明确学习内容的结构，在引导问题的帮助下，尽量独自去学习并完成包括填写工作活页内容在内的整个学习任务；同时可以在教师和同学的帮助下，通过查阅工业机器人资料，获得重要的工作过程知识；再次，应积极参与小组讨论，去尝试解决复杂和综合性的问题，及进行工作质量的自检和小组互检，并注意操作规范和安全要求，在多种技术实践活动中形成自己的技术思维方式；最后，在完成一个工作任务后，应反思是否有更好的方法或用更少的时间来实现工作目标。

3. 团队协作

课程的每个学习情境都是一个完整的工作过程，大部分的工作需要团队协作才能完成。教师会帮助你们划分学习小组，但要求你在组长的带领下，制订可行的学习与工作计划，并能合理地安排学习与工作时间，分工协作、互相帮助、互相学习，广泛开展交流，大胆发表自己的观点和见解，按时、保质、保量地完成任务。你是小组中的一员，你的参与和努力是团队完成任务的重要保证。

4. 把握好学习过程和学习资源

学习过程是由学习准备、计划与实施和评价反馈所组成的完整过程。你要养成理论与实践紧密结合的习惯，教师引导、同学交流、学习中的观察与独立思考、动手操作和评价反思都是专业技术学习的重要环节。

学习资源可以参阅每个引导问题后所列的相关知识点。此外，你也可以通过图书馆、互联网等途径获得更多的专业技术信息，这将为你的学习与工作提供更多的帮助和技术支持，拓展你的学习视野。

你在职业院校的核心任务是在学习中学会工作，这要通过在工作中学会学习来实现。学会学习和学会工作是我们对你的期待。同时，也希望你能把你的学习感受反馈给我们，以便我们能更好地为你提供教学服务。

预祝你学业有成，早日成为机器人领域的技术能手！

尊敬的老师：

您好！感谢您选择"工业机器人系统集成"这本活页式教材！

《工业机器人系统集成》是针对工业机器人技术职业典型工作任务学习领域课程开发的一本活页式教材，是强调学生主动学习和有效学习的新教材。它的特点是在学习与工作一体化的情境下，引领学生完成"工业机器人集成的设计、安装与调试"这一职业典型工作任务，让学生经历完整的学习与工作过程，在培养专业能力的同时，促进其关键能力的培养和综合素质的提高，从而发展学生的综合职业能力。

为对您的教学有所帮助，在教学实施过程中，我们有如下建议。

1. 教师作用与有效教学

这本教材的实施有以下要求：在教学组织与实施方面，需要您去组建教学团队，构建和改善教学环境，以实现工作过程系统化的教学；在指导学生的学习时，请您尽量改善学生的学习环境，为学生提供学习资源，充分调动学生学习的主动性，让学生在小组合作与交流的氛围中，尽可能通过亲自实践来学习，并加强学习过程的质量控制。您的耐心指导和有效管理将使学生的学习更加有效。

2. 学习目标与学业评价

学习目标反映学生完成学习任务后预期达到的能力和水平，含专业能力与关键能力，既有针对本学习任务的过程和结果的质量要求，也有对今后完成类似工作任务的要求。每个学习目标都要落实到具体的教学活动中，对学生的学业评价要在学习过程中体现，您可以通过学生的自评、小组同学的互评及您的检查与评价来实现对学生学业的综合评价。

3. 学习内容与活动设计

这本教材的学习内容是一体化的学习任务。在教学时，教师可以根据当前的实际情况自行设计或者从企业引进一个真实的工作案例作为教学的载体。重要的是要建立任务完成与知识学习之间的内在联系，将完成工作任务的整个过程分解为一系列可以让学生独立学习和工作的相对完整的教学活动，这些活动可以依据实际教学情况来设计。在实施时，要充分相信学生并发挥学生的主体作用，与他们共同进行活动过程的质量控制。

4. 教学方法与组织形式

这本教材倡导行动导向的教学，通过问题的引导，促进学生进行主动的思考和学习。请您根据学习情境所需的工作要求，组建学生学习小组，学生在合作中共同完成工作任务。分组时请注意兼顾学生的学习能力、性格和态度等个体差异，以自愿为原则。

5. 其他建议

这本活页式教材的教学需在工学结合一体化的真实环境或仿真环境里完成。建议您在教学过程中，加强对教学环境的管理，强调必须按照操作规范的要求安全文明操作，做好安全与健康防范预案。

预祝这本活页式教材使您的教学更加有效！

前　言

新质生产力以其高科技、高效能和高质量的特征，现已成为推动经济社会发展的核心动力，这将对劳动力市场和技能型劳动力的需求产生深远的影响。职业教育作为培养技能型人才的主阵地，必须与新质生产力的发展紧密结合，将人才培养目标从传统的专业技能型人才，拓展为具有创新意识、问题解决、团队合作以及可持续发展等能力的复合型高素质技能型人才。

《工业机器人系统集成》活页式教材瞄准国家重大战略和发展需要，精准对接工业机器人系统操作员、工业机器人系统运维员等岗位职业能力，通过引领学生完成"工业机器人系统集成的设计、安装与调试"这一职业典型工作任务，培养学生团队合作、创新解决问题的能力。本活页式教材分为工业机器人系统集成准备、单台工业机器人工作站系统集成、双台工业机器人协作工作站系统集成、多台机器人工作站站间集成技术、工业机器人系统运行与维护、智能制造 MES 系统与工业互联网六个学习情境，内容涵盖了工业机器人系统集成的技术要点和集成方法。

本活页式教材主要作为职业院校工业机器人技术、电气自动化技术、智能控制技术、机电一体化技术、机械制造技术等相关专业的教学和培训用书，各院校可根据不同专业的特点选择不同的教学内容，建议总学时为 60~80；本教材也可供在企业一线从事工业机器人集成技术的相关技术人员参考使用。

本活页式教材由山西工程职业学院皇甫勇兵担任主编，江苏汇博机器人技术股份有限公司吴博雄、山西工程职业学院李文婷、薛凯娟担任副主编。皇甫勇兵编写了学习情境二、四，李文婷编写了学习情境三，薛凯娟编写了学习情境一，山西工程职业学院朱新华编写了学习情境五，吴博雄编写了学习情境六。皇甫勇兵负责本活页式教材的统稿、修改和定稿。本活页式教材的编写工作还得到了山西工程职业学院闫慧娴、魏巍，山西职业技术学院胡颖，临汾职业技术学院牛大伟、翟京卿等教师及同学们的支持和帮助；同时编者还参阅了许多专家和学者的技术文献资料，在此对各位老师、同学以及文献的作者们对一并表示衷心的感谢。

由于编者水平有限，教材难免存在不足之处，恳请兄弟院校同行和广大读者提出批评和修改意见，以便修订时及时改正。

编　者

目　录

学习情境一　工业机器人系统集成准备 ……………………………………………… 1

　任务 1-1　工业机器人认知 ……………………………………………………………… 5
　任务 1-2　工业机器人系统组成与识图 ………………………………………………… 13
　任务 1-3　工业机器人简单编程技术 …………………………………………………… 24

学习情境二　单台工业机器人工作站系统集成 ……………………………………… 33

　任务 2-1　智能码垛工作站设备选型 …………………………………………………… 41
　任务 2-2　智能码垛工作站机器人夹爪设计与安装 …………………………………… 48
　任务 2-3　智能码垛工作站程序设计与调试 …………………………………………… 52

学习情境三　双台工业机器人协作工作站系统集成 ………………………………… 59

　任务 3-1　智能包装工作站数据采集与交换 …………………………………………… 63
　任务 3-2　智能包装工作站硬件安装与配置 …………………………………………… 69
　任务 3-3　智能包装工作站程序设计与调试 …………………………………………… 74

学习情境四　多机器人工作站站间集成技术 ………………………………………… 81

　任务 4-1　多工业机器人工作站站间系统网络基础知识 ……………………………… 87
　任务 4-2　多工业机器人工作站站间集成总控系统搭建 ……………………………… 93
　任务 4-3　多工业机器人工作站站间系统总控程序开发 ……………………………… 99

学习情境五　工业机器人系统运行与维护 …………………………………………… 107

　任务 5-1　工业机器人系统操作规程的编制 …………………………………………… 112
　任务 5-2　工业机器人系统维护与保养 ………………………………………………… 115
　任务 5-3　工业机器人系统常见故障排除 ……………………………………………… 120

学习情境六　智能制造 MES 系统与工业互联网 …………………………………… 131

　任务 6-1　智能奶粉生产（车间）MES 系统设计 …………………………………… 140
　任务 6-2　智能奶粉生产工业互联网 APP 设计 ……………………………………… 145

参考文献 …………………………………………………………………………………… 157

学习情境一

工业机器人系统集成准备

学习情境目标

理论知识目标：
理解工业机器人系统集成的概念、意义；
了解工业机器人的分类、特性、应用范围；
理解工业机器人坐标系的作用、重要性；
了解 ABB 工业机器人应用程序结构、功能。

技术技能目标：
会识读工业机器人系统机械图纸；
会识读工业机器人系统电气图纸；
会用示教器建立工业机器人工具坐标系和工件坐标系；
会用示教器编辑完成简单路径的应用程序。

职业素养目标：
树立做机器人领域大国工匠的职业目标；
树立社会主义核心价值观；
增强主动创新的意识；
培养处理数字信息的能力。

学习情境描述

当今世界正在经历百年未有之大变局，我国进入全面建设社会主义现代化强国的新征程。习近平总书记说，机器人是"制造业皇冠顶端的明珠"，其研发、制造、应用是衡量一个国家科技创新和高端制造业水平的重要标志。近年来，我国制造业科技革命和产业升级步伐加快，制造业与工业机器人深度融合，应用场景不断扩展，工业机器人在制造业中的使用密度逐渐增加：2020 年每万人使用密度为 246 台；2021 年每万人使用密度达 322 台；2022 年每万人使用密度达 392 台，是全球制造业工业机器人使用密度的两倍。目前，工业机器人不仅会做"体力活",还具备做"脑力活"的能力,已经在我国应用到国民经济 60 个行业大类、168 个行业中类,稳居世界第一大工业机器人市场。各行各业在应用工业机器人转型升级时,系统集成技术成为关键。

某自动化公司,顺应时代之变、市场之需,组建工业机器人事业部,开拓工业机器人系统集成市场的业务。面对全新领域,部门经理要求你列出工业机器人系统集成工作需要的基本知识、技能,并做出一份培训方案,在机器人事业部内开展 2 周的培训。要求培训结束后,机器人事业部成员掌握工业机器人系统集成工作的基础理论知识、技术操作技能,明确工业机器人领域的职业素养等。

 学习情境分析

一、工业机器人集成应用趋势

近年来,我国服务制造业转型升级,连续 9 年成为全球最大的工业机器人应用国。2022 年,我国工业机器人产量达 44.3 万套,同比增长超过 20%,装机量占全球比重超过 50%,年营业收入 1 700 亿元。工业机器人产业经历了从"有"开始到"优"的转变,产量由"大"变为高质量发展。

国家"十四五"规划纲要明确指出,推动包括机器人在内的高端制造业创新发展。《"十四五"机器人产业发展规划》中提出,到 2025 年我国将成为全球机器人技术创新策源地,高端制造聚集地和集成应用新高地。工业机器人使用密度比 2020 年翻番,产业营业收入平均增长超过 20%。2023 年,工信部推出"机器人+"应用行动,做强细分领域落地应用。

二、工业机器人系统集成的概念

仅仅一台工业机器人本体并不能完成任何生产制造工作任务,只有依据完成任务工艺要求,集成相关的外围设备,编写符合工艺流程的程序,才能完成特定场景下的特定任务。因此,工业机器人系统集成就是将机器人与其外围设备通过外部控制器、网络或机械结构组合在一起,完成特定生产任务的过程。

📖 **引导问题 1**:查阅国家"十四五"机器人产业发展规划、"机器人+"应用行动计划等相关文档,认真阅读,写出你对工业机器人产业现状和应用情况的认知。

引导问题 2：利用网络平台，查找 5 个工业机器人系统应用实例，通过观看、分析并列出视频所涉及的工业机器人系统集成的知识点、技能点，并填写表 1-1。

表 1-1　查找工业机器人系统应用实例

序号	应用场景名	理论知识	技术技能	备注
1				
2				
3				
4				
5				

学习笔记

尝试提炼出完成工业机器人系统集成应该掌握的基础知识和基础技能。

_____
_____
_____
_____
_____
_____
_____
_____
_____
_____
_____

结合引导问题和学习情境描述的内容,认真填写工作任务需求分析表(表1-2)。

表1-2 工作任务需求分析表

部门:　　　　　　　　　　　　　　　　　　　　填报人:

情境任务名称			
完成时间		完成形式	
任务内容	1. 2. 3. 4. 5.		
知识点	1. 2. 3. 4. 5.		
技能点	1. 2. 3. 4. 5.		
备注			

学习情境实施

通过学习情境分析,明确本学习情境的工作任务是开展为期两周的针对工业机器人系统集成应掌握的基础知识、基础技能的培训。要求写出具体的实施方案,并依据方案完成培训任务。

为了高质量、高效率地完成工作任务,请认真填写工作任务实施计划表(表1-3),要求有具体的工作内容及完成标准、责任人和完成时间。

表1-3 工作任务实施计划表

部门:　　　　　　　　　　　　　　　　　填报人:

任务名称			
完成时间		项目组名	
		项目负责人	
任务分工	工作内容及完成标准	责任人	完成时间
备注			

任务1-1　工业机器人认知

一、任务资讯

(一) 工作任务描述

工业机器人是一个智能化、数字化的机电一体化设备,它的应用包含的知识、技术广泛,具有跨专业、跨学科、跨领域的特征。因此,对工业机器人的认知需要多方面、多角度地进行。利用数字资源,通过数据清洗,找出关于工业机器人的定义、分类、应用场景等内容,并整合成一份工业机器人知识、技术技能图谱。

(二) 工作任务资讯

1. 工业机器人发展概述

1920年,捷克作家卡雷尔·恰佩克在其剧本《罗素姆的万能机器人》(Rossum's Universal Robots)中最早使用"机器人"一词。作家笔下出现一个具有人的外表、特征和功能的机器,是一种人造的劳动力。

1954年,美国发明家德沃尔最早提出工业机器人的概念,并申请专利。这个专利的要点是借助伺服技术控制机器人的关节,利用人手对机器人进行动作示教,机器人能实现动作的记录和再现。

1959年,英格伯格和德沃尔设计出世界上第一台真正实用的工业机器人——尤尼梅特(Unimate),如图1-1所示。

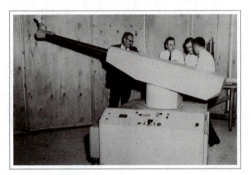

图1-1 尤尼梅特机器人

1961年,英格伯格和德沃尔开办世界上第一家专门生产机器人的工厂——尤尼梅特公司。因此,英格伯格也被誉为"工业机器人之父"。

20世纪70年代,随着计算机技术、现代控制技术、传感技术、人工智能技术发展,机器人得到迅速发展。1979年,尤尼梅特公司推出PUMA机器人,它是一台多关节、全电动驱动、多CPU二级控制、采用VAL专用语言、可配视觉、触觉、力觉传感器的机器人,是现代工业机器人结构的基础。这类机器人被称为"示教再现"型机器人。

20世纪80年代开始,特别是近十年来,由于新一代信息技术、大数据、云计算、工业互联网技术与工业机器人的深度融合,以及科技革命和产业升级,出现了具备一定感知能力的第二代感知工业机器人,具备视觉、触觉和高灵巧手指;能行走的第三代智能工业机器人也相继出现(图1-2),并逐步应用。此外,写作机器人也快速发展,成为新的应用需求。工业机器人继续向智能化、数字化、绿色化的方向发展。

2. 工业机器人定义

随着控制技术、传感器技术、信息技术的发展,机器人所涵盖的内容越来越丰富,工业机器人的定义也不断充实与创新。

(1)美国机器人协会(Robotic Industries Association,RIA)的定义:工业机器人是一种用于移动各种材料、零件、工具或专用装置,

图 1-2　智能机器人

能够通过可编程序执行各种任务的多功能机械手。

（2）日本机器人协会（Japan Robot Association，JARA）的定义：工业机器人是一种装配有记忆装置和末端执行器，能够转动并通过自动完成各种移动来代替人类劳动的通用机器。

（3）国际标准化组织（International Organization for Standardization，ISO）的定义：工业机器人是一种位置可控，能够借助于可编程序操作来处理各种材料、零件、工具和专用装置，以执行多种任务的多轴自动多功能机械手。

（4）我国国家标准《机器人与机器人装备词汇》GB/T 12643—2013 中将工业机器人定义为一种能自动定位控制，可重复编程，多自由度的操作机，能搬运材料、零件或夹持工具，用于完成各种作业的装置。

随着工业机器人技术的发展，其定义还会不断地修正与创新。

3. 工业机器人的种类

经过多年的发展，工业机器人出现多种多样的类型及分类。比较常见的有依据机械结构分类和依据操作坐标分类。

（1）按机械结构分类，工业机器人可分为串联型和并联型工业机器人，如图 1-3 所示。

图 1-3　串联型和并联型工业机器人

（a）串联型；（b）并联型

图 1-4 所示为串联型工业机器人和并联型工业机器人运动结构简图。串联型工业机器人是一种开链运动结构，由一系列连杆通过转动关节或移动关节串联构成，如图 1-4（a）所示。具体说，采用驱动器驱动各关节的运动从而带动连杆的相对运动，使末端夹爪到达合适的位置和合适的姿态。

串联型工业机器人的特点：一个轴的运动会改变另一个轴的坐标原点，即影响与之相连的关节（轴）。

并联型工业机器人是一个封闭链运动结构，由上下运动平面和三条及以上的运动支链构成，以并联的方式驱动的一种闭环相对运动的机器人，如图1-4（b）所示。

并联型工业机器人的特点：一个轴（关节）的运动不会改变另一个轴的坐标原点，具有刚度大、结构稳定、承载能力大、微动精度高、运动负荷小的特征。

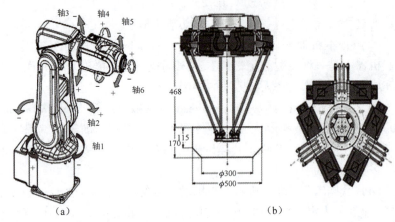

（a）　　　　　　　　　　　　（b）

图1-4　串联型工业机器人和并联型工业机器人运动结构简图

（a）串联型运动结构；（b）并联型运动结构

（2）按操作坐标或者工作空间分类，工业机器人可分为直角坐标机器人、圆柱坐标机器人、球坐标机器人、平面关节机器人和多关节机器人等。

①如图1-5所示，直角坐标机器人由三个相互垂直的直线移动轴（PPP）组成，构成一个长方体的工作空间。

直角坐标机器人具有易于位置和姿态的编程计算、定位精度高、控制无耦合、结构简单的优势。但是，直角坐标机器人所占空间大、动作范围小、灵活性差、难以与其他工业机器人协同工作。

图1-5　直角坐标机器人

②如图1-6所示，圆柱坐标机器人是由一个转动轴和两个平移轴（RPP）组成，构成圆柱体的工作空间。

圆柱坐标机器人具有占地面积小、运动范围大的优势，但是同样难以与其他机器人协同工作。

③球坐标机器人如图1-7所示。球坐标机器人又称极坐标机器人，由两个转动轴和一个伸缩平移轴（RRP）组成，能够完成上下俯仰和抓取地面或较低位置的工作，构成球体的工作空间。

球坐标机器人具有相对的灵活性，但是也难以与其他机器人协同工作。

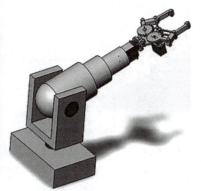

图1-6　圆柱坐标机器人　　　图1-7　球坐标机器人

④平面关节机器人如图1-8所示。平面关节机器人又称SCARA机器人，由三个回转关节（RRR）组成，构成一个圆柱型工作范围。

平面关节机器人具有结构简单、动作灵活的特点，用于装配作业，特别适合小规格零件的装配。

⑤多关节机器人如图1-9所示。多关节机器人又称为回转坐标型机器人，类似人的手臂。各个关节是回转副，具有结构紧凑、灵活性大、占地面积小、能与其他工业机器人协同工作的优点。但是，多关节机器人位置精度低，存在平衡问题和控制耦合性强的缺点。

多关节机器人是目前工业领域使用最多的一种机器人。

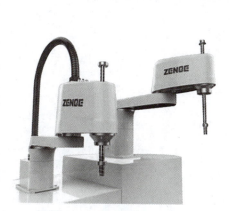

图1-8　平面关节机器人　　　图1-9　多关节机器人

二、引导问题

引导问题 1：依据任务资讯，结合网络资源对工业机器人深入认知，用 Xmind 软件做出工业机器人分类、典型应用、知识与技能和发展趋势的思维导图。

📩**引导问题 2**：工业机器人系统集成是具体应用的前提，集成技术也随科技革命不断升级，因此作为工业机器人工程技术人员，必须对现阶段工业机器人系统集成技术进行全面了解。请归纳、整理出一篇工业机器人系统集成综述文章。要求有：

（1）背景及意义；

（2）国外主要技术；

（3）国内主要技术；

（4）总结；

（5）文献参考。

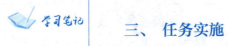

三、任务实施

结合引导问题,以及完成的思维导图及工业机器人系统集成综述文章,做一张工业机器人系统集成知识和技术图谱,作为工业机器人系统集成基础知识、基础技能培训方案的基本依据(大纲)。

任务1-2 工业机器人系统组成与识图

一、任务资讯

（一）工作任务描述

工业机器人系统集成是由工业机器人本体及相关外部设施设备通过机械、电气的连接，用外部控制器统一控制，完成特定任务的组合体（或工作站）。它涉及机械、电气等方面知识与技能。因此，能识读工业机器人机械、电气图纸，是完成工业机器人系统集成的必备技术技能之一。请以ABB工业机器人IRB1410型号为目标，学习识读工业机器人系统的机械、电气图，并总结出识图步骤。

（二）工作任务资讯

1. 工业机器人本体介绍

工业机器人种类繁多、结构多样，但是，在制造领域中，串联6轴工业机器人是使用最多的一种工业机器人，其组成、结构具有一定的代表性，如图1-10所示。

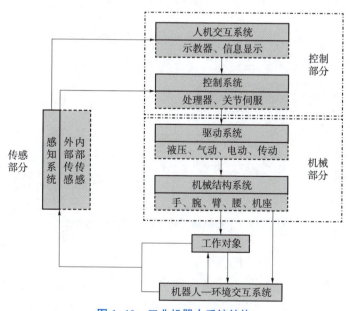

图1-10　工业机器人系统结构

一般，工业机器人结构上由机械、传感和控制三大部分组成，每个部分又分为机械、驱动、传感、环境、控制和人机交互六个子系统。它们有如下几个具体的功能和作用。

(1) 工业机器人的机械子系统。

工业机器人系统由基座、手臂和末端执行器等部分组成,构成一个多自由度的机械系统。它们内部由连杆和关节组合起来,相当于人体的骨骼,起到支撑的作用,如图 1-11 所示。

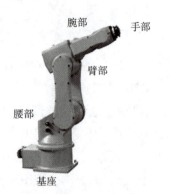

图 1-11　机械系统简图

(2) 工业机器人驱动子系统(包括传动)。

工业机器人驱动子系统是让机械系统运动的装置(系统),一般有液压驱动、气压驱动、电机驱动三种方式。驱动子系统可以直接驱动机械装置,也可以通过同步带,齿轮链、谐波齿轮等传动机构间接驱动机械部件,相当于人体的肌肉,如图 1-12 所示。

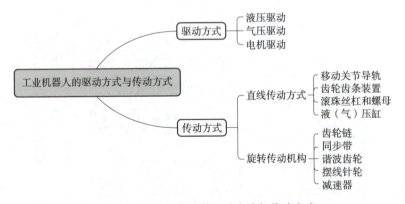

图 1-12　工业机器人的驱动方式与传动方式

(3) 工业机器人的传感子系统。

工业机器人传感子系统由内部传感器模块和外部传感器模块组成(表 1-4),完成工业机器人内部和外部运动、环境等信息感知,如各关节的位置和环境信息。传感子系统如同人体肌肉中的中枢神经。

表1-4 工业机器人系统常用传感器

传感器分类	用途	机器人的精确控制
内部传感器	监测的信息	位置、角度、速度、加速度、姿态、方向等
内部传感器	所用传感器	微动开关、光电开关、差动变压器、编码器、电位计、旋转变压器、测速发电机、加速度计、陀螺、倾角传感器、力（或力矩）传感器等
外部传感器	用途	了解工件、环境或机器人在环境中的状态，对工件灵活、有效地操作
外部传感器	检测的信息	工件和环境：形状、位置、范围、质量、姿态、运动、速度等 机器人与环境：位置、速度、加速度、姿态等 对工件的操作：非接触（间隔、位置、姿态等）、接触（障碍检测、碰撞检测等）、触觉（接触觉、压觉、滑觉）、夹持力等
外部传感器	所用传感器	视觉传感器、光学测距传感器、超声测距传感器、触觉传感器、电容传感路、电磁感应传感器、限位传感器、压敏导电橡胶、弹性体加应变片等

（4）工业机器人的机器人的环境子系统。

工业机器人工作需要与外部设施配合，共同完成任务，因此，必须有工业机器人和外部环境设施设备等之间的相互联系和协调系统——机器人的环境子系统，如同人体的皮肤等。

（5）工业机器人的控制器。

工业机器人控制器是机器人的大脑，是根据工业机器人的作业指令程序以及传感器反馈回来的信号，支配机器人执行机构去完成规定的运动和功能，如同人的大脑。

（6）工业机器人的人机交互系统。

工业机器人人机交互系统是使操作人员参与机器人控制，和机器人进行联系的装置，例如示教器。图1-13所示为工业机器人控制器和人机交互设备。

2. 工业机器人系统集成常见图纸分类和作用

图纸是工业机器人系统集成工作过程中设计者和实施者交流的语言，只有看懂机械、电气及工业机器人有关的图纸，才能理解设计者的意图，才能高质量地完成工业机器人系统集成工作。

（1）工业机器人系统机械图纸分类。

在工业机器人系统集成工作中，经常会遇到以下几种机械图纸。

①装配图：工业机器人机械设计意图的反映，是制造安装的技术依据，如图1-14所示。

②机械简图：清晰表示工业机器人机械结构运动传递情况，是了解工业机器人组成及其对机械结构进行运动和动力分析的图，如图1-15所示。

图 1-13 工业机器人控制器和人机交互设备

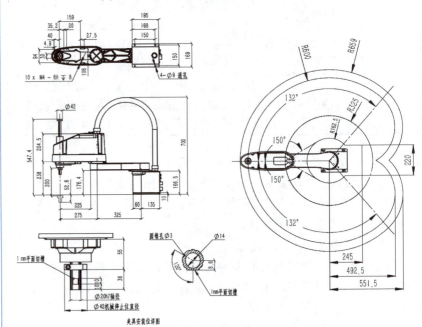

图 1-14 装配图示例

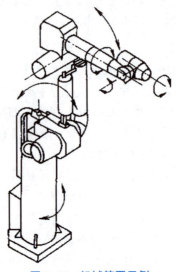

图 1-15 机械简图示例

③机械原理图：用标准符号和连接线描述机械和其功能操作、结构载荷、流体回路等工作原理的图，如图1-16所示。

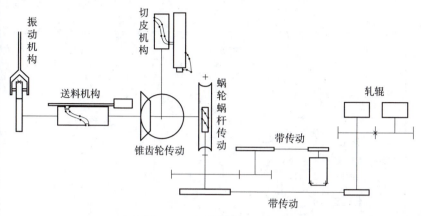

图1-16 机械原理图示例

④机械零件图与物料清单（bill of materials，BOM）：表示机械零件大小、形状、规格、材料、数量等内容，依据投影方式和技术规范表达的图纸，如图1-17所示。

（2）工业机器人系统电气图纸分类。

通常，在工业机器人系统集成工作时会遇到的电气图纸有以下几种。

①电气系统图：使用符号或带注释的框，概略表示机器的系统和分系统电气的基本组成、相互关系的主要特征的一种简图。

②电气原理图：用图形符号和项目代号表示电路中各个电路元件的连接关系和电气工作原理，但不考虑其实际位置的纸图，如图1-18所示。

③电气接线图：表示工业机器人系统中装置、设备之间的连接关系，用以进行界限和检查的一种图纸。同时，也表示实际位置布局，如图1-19所示。

④电气总平面图：表示成套装置、设备或装置中各个设备的位置的一种简图，如图1-20所示。

3. 机械、电气识图一般步骤

（1）明确图纸类型，不同类型图纸表达的信息及侧重点不同；

（2）仔细阅读图纸的标题及相关内容；

（3）仔细阅读图纸中的各类符号、文字；

（4）依据机械、电气原理，由左向右、由上到下阅读。

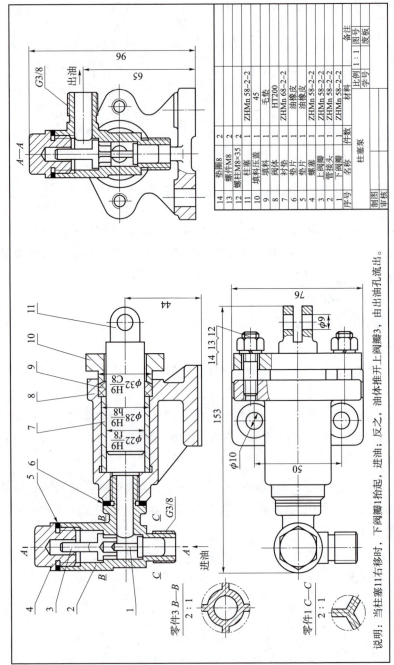

图 1-17 机械零件图示例

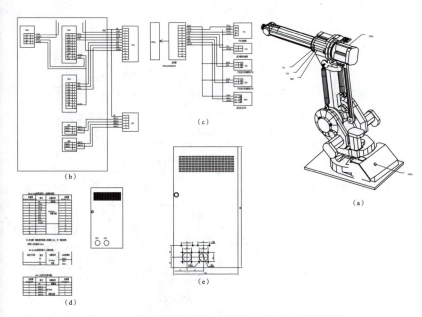

图 1-18　协同装配单元工业机器人系统电气原理图

（a）机器人本体；（b）机器人控制器接线图；（c）机器人腕部接线图；
（d）机器人控制面板连接器布置图；（e）机器人面板航插开孔图

二、引导问题

引导问题 3：根据图 1-21 所示的机械图，经过认真识读后，写出该图纸表示的机械部件、主要尺寸，以及安装调试的关键点。

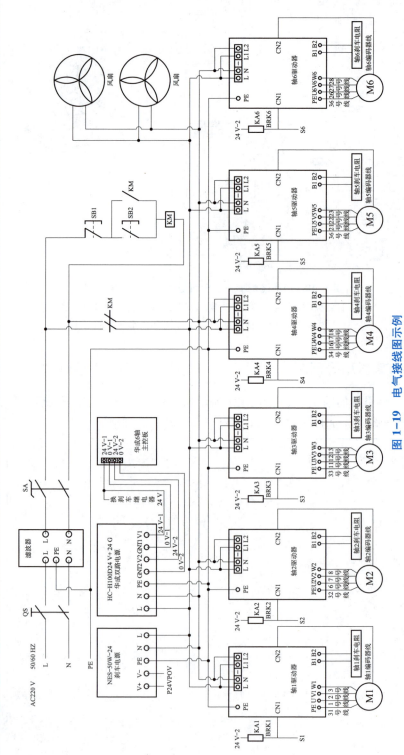

图 1-19 电气接线图示例

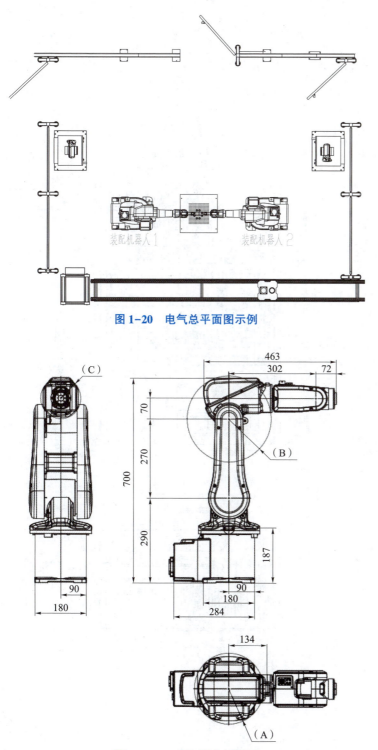

图 1-20 电气总平面图示例

图 1-21 工业机器人机械图

📩 **引导问题 4**：根据如图 1-22 所示的 ABB 工业机器人控制柜图，经过认真研读后，在图纸上标识出接口名称、作用。

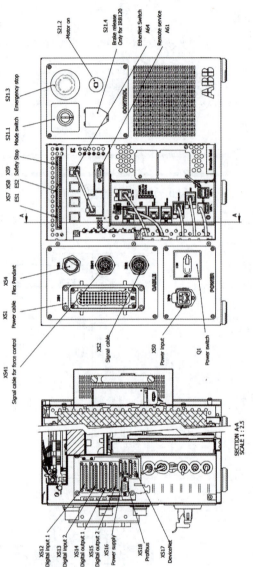

图1-22　ABB工业机器人控制柜图

三、任务实施

在完成引导问题（实践）的基础上，写（总结）出你自己识读机械、电气图纸的步骤。

任务1-3 工业机器人简单编程技术

一、任务资讯

(一) 工作任务描述

一个稳定的工业机器人系统必定会有一套稳定的控制程序。依据工艺要求编写工业机器人程序,是完成工业机器人系统集成不可缺少的环节。在熟悉工业机器人基本指令和编程语法的基础上,编写如图1-23所示工艺路径 $A→C→B→A$ 的控制程序,并实现自动行走5圈。

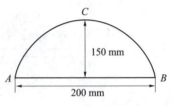

图1-23 某工艺路径

(二) 工作任务资讯

1. 工业机器人编程与坐标系

根据工业机器人或工业机器人末端工具和被操作工件在空间的位置、姿态以及运动轨迹等情况,必须为其选定一个参照系(坐标系)。机器人及工件在坐标系中的位置依据、姿态数据称为坐标值,例如,ABB工业机器人示教点坐标为 [0,0,0,180,-90,0]。同一位置,在不同的坐标系中,其坐标值是不同的。工业机器人在完成任务时,需要建立各种坐标,并且根据不同工作要求和场合能在各种坐标系间相互转换。由此可见,使用工业机器人之前,建立相应的坐标系是工业机器人系统集成编程的前提,以提高工业机器人的生产效率和工作质量。

2. 工业机器人坐标系介绍

通常,工业机器人系统集成中用到的坐标系有基坐标系、工具坐标系和工件坐标系等。每种不同的坐标系有其相应的应用范围和特征。

(1) 基坐标系。

基坐标系是以工业机器人的底座作为参考平面,其原点在工业机器人底座中心点,x 轴、y 轴、z 轴满足右手定则的坐标系,如图1-24所示。

基坐标系对于工业机器人编程(工业机器人固定不动时)没有作用,但是它可以方便地表示工业机器人从 A 点到 B 点的移动,经常与

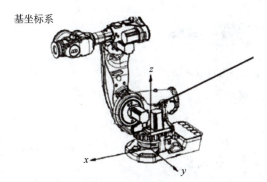

图 1-24 基坐标系

大地坐标系重合应用。

（2）工具坐标系。

工具坐标系是以工业机器人工具（夹爪）中心为原点（默认为 6 轴法兰中心点）的坐标系，同样满足右手定则，如图 1-25 所示。

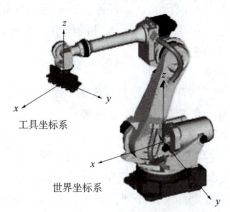

图 1-25 工具坐标系

工具坐标系是用以定义工具的位置和姿态的坐标系。它适用于在工业机器人工作时，不想改变工具夹爪位置和姿态的场景。另外，每次更换或使用新工具时，必须定义工具坐标系。在使用工具坐标系时，不需要在更换新工具后而重新编写程序，只需要转换到新的工具坐标系下即可。

（3）工件坐标系。

工件坐标系是以工件上或工件外一点为坐标原点，符合右手定则的坐标系，是用来定义工具中心点（tool center point，TCP）在一个平面内做轨迹运动的坐标系。

在工业机器人系统集成时，一个工件可以有多个工件坐标系，表示同一个工件和不同的工件。当工件位置发生变化后，仅需要重新定义一个新的工件坐标，而不用对工业机器人的轨迹进行重新的示教编程，如图 1-26 所示。

3. 工业机器人程序设计步骤

工业机器人程序设计是实现系统集成、完成工作任务的关键环节，

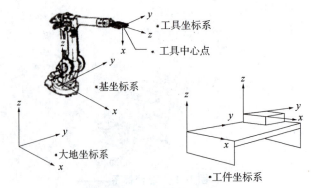

图 1-26 工件坐标系

要考虑到任务规划、轨迹规划、安全性等多个方面。通常,编写工业机器人程序有以下几个步骤。

(1) 任务规划。

①明确机器人需要执行的具体任务,如搬运、装配、焊接等。

②分析、评估工作环境,包括工件的位置、姿态、尺寸等,以及与其他设备和人员的交互情况。

(2) 机器人配置。

根据任务需求,结合机器人工作负荷、工作空间、精度等,给工业机器人加装夹具、传感器、视觉系统等。

(3) 轨迹规划与路径生成。

①设定工件坐标系,确定机器人运动的参考点和参考轴;

②根据任务要求和工作环境,确定机器人的运行轨迹,如直线;

③生成具体路径点和姿态序列,确保机器人能够准确执行任务。

(4) 编写机器人程序。

①了解对应工业机器人控制器的编程语言,如 Rapid、KRL 等;

②根据任务需求和路径生成结果,编写机器人程序,包括运动指令、传感器等数据处理、逻辑控制等。

(5) 程序调试与安全性考虑。

①在实际生产环境中,对编写好的机器人程序进行调试;

②对程序进行优化,并监测相关数据的准确性;

③调试安全距离、碰撞检测、紧急停止等安全系统。

(6) 操作指导和安全培训。

①编写操作手册或指导书;

②培训工业机器人操作人员。

二、引导问题

引导问题 5:由任务咨讯可知,建立坐标系是完成本任务的前提。请写出并在 ABB 工业机器人示教器上分别建立完成本任务的工具坐标系和工件坐标系。

提示：工具是如图 1-27 所示的夹爪；工件是一张 A3 的白纸。

图 1-27　夹爪

引导问题 6：工业机器人一般使用的编程语言主要有：基于图形化编程界面的编程语言，如 ABB 机器人的 Robotstudio；基于高级编程语言编程的，如 C++、Java 等；特定领域的编程语言，如 KRL（KUKA robot language）、ABB 的 RAPID（robotics application programming interface for developers）、FANUC 的 KAREL。

ABB 工业机器人采用 RAPID 语言进行程序开发，请根据本任务工艺要求，画出完成任务的程序框架，并说明任务、模块、程序数据、例行程序的内涵是什么？

三、任务实施

画出完成任务的程序流程图,并编写程序,在 ABB 机器人上验证、调试和优化。

学习情境评价与反思

一、学习情境评价

根据学习情境工作任务的完成情况以及实施过程中的相关记录,对照工作任务需求分析表、工作任务实施计划表的内容,对本学习情境工作任务完成情况进行全面、客观、认真的自我评价、互相评价、教师评价,填写工作任务实施评价表(表 1-5)。

表 1-5　工作任务实施评价表

部门：				填报人：
任务名称		承担项目组		
完成时间		完成情况	○完成	○未完成
自我评价	人：			
	机：			
	物：			
	法：			
	环：			
互相评价				
教师评价				
备注				

二、学习情境工作任务实施反思

引导问题 7：中国进入全面建设社会主义现代化国家的新征程，工业机器人系统集成技术成为各行各业急需的技术之一。面对新时代，机器人产业向你们提出了以下的产业之问。

(1) 什么是机器人？什么是工业机器人？

(2) 工业机器人产业现状和发展趋势是什么？

(3) 完成工业机器人系统集成必须掌握的基础技能、知识有哪些？

📩 **引导问题8**：面对科技变革和产业升级，面对新技术、新工艺、新规范的迭代更新，年轻人要立志做国家的能工巧匠、大国工匠，把运用知识、技能解决实际问题、难题作为学习的动力所在，用工业机器人系统集成技术服务社会主义现代化强国建设。你做好什么样的准备了？

学习情境拓展

协作机器人作为一种工业机器人发展的分支，扫除了人机协作的障碍，让机器人摆脱护栏或围挡的束缚，实现人与机器人在生产线上协同工作。

思考（1）：请写出协作机器人的定义、内涵。

思考（2）：请列出协作机器人应用给生产制造过程带来的优势。

学习情境二

单台工业机器人工作站系统集成

学习情境目标

理论知识目标：
理解工业机器人主要技术参数及其含义；
理解工业机器人运动中位姿的概念；
了解工业机器人示教点的选择；
了解工业机器人示教编程的算法。

技术技能目标：
会根据任务需求合理选择工业机器人；
会设计完成工作任务的工业机器人夹爪；
会选择工业机器人工作站安全外设；
会根据生产工艺编写运动程序。

职业素养目标：
树立执着专注的工匠精神；
培养整合数字信息、合成数字资源的能力；
培养协调发展的理念；
树立社会主义核心价值观。

学习情境描述

党的二十大开启了全面建设社会主义现代化强国的新征程，高质量发展成为首要任务。制造业充分利用科技改革，向智能化、数字化、绿色化转型升级。工业机器人作为智能生产设备，已经广泛地应用到制造业中。应用场景不断扩展与深化。繁重的、重复的作业都被工业机器人所代替，减少了因工作疲劳和重复性带来的生产错误，实现了智能化的生产方式，同时使生产企业提高了效率和质量，成为人们的重要帮手。人工码垛由于其重体力和重复性，导致其被工业机器人所替代。

某知名食品公司顺应时代需求变化，启动数字化升级工程。经公司董事会研究决定：对现有奶粉自动化生产线人工码垛单元进行数字化、智能化改造，实现"机器人换人"。对外发布的招标公告如下。

某食品公司智能码垛工作站数字化改造项目招标公告

受某食品公司的委托，现就该公司"智能码垛工作站数字化改造项目"接受国内合格的投标人提供密封投标，有关事项公告如下。

一、招标项目内容及数量

根据食品公司现有奶粉自动化生产线中成品奶粉整箱码垛工作单元生产工艺要求，用一台合适的串联6轴工业机器人及相关辅助设施，升级改造成为无人值守的数字化、智能化、绿色化码垛工作站。

二、具体技术要求

（1）智能码垛工作站是无人值守的，符合码垛工艺的；

（2）智能码垛工作站应与前工序无缝对接；

（3）被码垛的奶粉箱体长、宽、高为 1 000 mm × 500 mm × 400 mm，箱体质量为 10 kg（奶粉 9 kg + 箱体 1 kg）；

（4）码体垛型要求为每层10箱，共6层，采用180度颠倒型踩型，如图2-1所示。

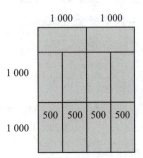

图 2-1　垛型示意图

三、交货时间

中标单位中标三周后完成供货，安装调试，达到正常使用。

四、其他约束条件

（1）项目改造应考虑成本，智能化、数字化、绿色化。

（2）项目改造完成后提供5次员工操作培训，并提供操作手册。

××××年××月××日

学习情境分析

你所在的自动化公司经过充分准备，中标了食品公司智能码垛工作站升级改造项目。部门经理要求你所在的项目组，在深刻研析招标文件的基础上，提出具体的智能码垛工作站改造方案。

根据学习情境描述可知本学习情境的工作任务，依据现有奶粉生产线中码垛生产单元所承担的工作任务，用工业机器人实现智能化、数字化、绿色化。码垛主要涉及码垛生产工艺、机器人选择、机器人外围安全设备以及机器人编程等技术。

生产工艺是指生产人员利用生产工具和设备对各种原料、材料、半成品进行加工或处理，最后使之成为成品的工作、方法和技术。它是人们在劳动中积累起来并经过总结的操作技术经验，也是生产人员应遵守的技术规程。

码垛是把包装好的产品件整齐堆置好，方便入库、清点，通常作为自动化生产线的最后一个生产工序。码垛工作是各行各业生产中最常见的一种生产工艺，由于各行各业产品不同，码垛工艺也不同，码垛垛型也就不一样。常见的工业领域码垛垛型如图 2-2 所示。

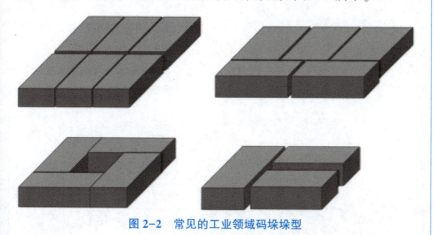

图 2-2　常见的工业领域码垛垛型

尽管码垛垛型多样化，但是码垛工艺基础要求一致，即：
（1）垛型必须不偏不斜、不歪不倒、牢固坚实；
（2）垛型必须符合商品特征，方便入库、清点；
（3）垛型层次、高度、数量符合要求。

📖 **引导问题 1**：根据招标公告中，对码垛工作站升级改造的工艺和技术要求，确定智能码垛工作站完成码垛的工艺和垛型，并说明理由。同时，找出码垛工艺过程中重要的示教点和路径规划。

学习笔记

📧 引导问题 2：码垛工作站的构成与设计原则

通常，机器人工作站（robotic work station）是指以一台或多台机器人为主，配以相应的周边设备，如变位机、输送线、工装夹具等，或借助人工的辅助操作一起完成相对独立的一种作业或工序的一组设备组合。

工业机器人工作站主要由工业机器人及其控制系统、辅助设备以及其他周边设备所构成。其中，工业机器人及其控制系统应尽量选用标准装置，对于个别特殊的场合需设计专用机器人。而末端执行器、安全防护等辅助设备应随应用场景和工作对象的不同而不同。

在设计规划工业机器人工作站时，一般有以下原则：

（1）必须充分了解工作站要完成任务的工艺流程，并拟定最合理的作业流程；

（2）必须满足生产节拍和生产环境条件；

（3）必须满足安全规范及标准，有故障显示及报警单元；

（4）必须便于工作站维护、保养和故障排除；

（5）必须考虑工作站建造成本及建设时间；

（6）必须留有与其他工作站的接口，以及可拓展升级的空间。

请根据上述原则，画出食品公司智能码垛工作站的系统布局图，标出工作任务的工艺路线，以及安全防护的措施。

学习笔记

✉ **引导问题3**：智能码垛工作站工业机器人的程序设计与编写。

工业机器人能够依据人的思想完成工作，是因为有一套合理、高效的程序作为它的指引。根据智能码垛工作站工艺流程及要求，画出智能码垛工作站整体的控制流程。

在引导问题完成的基础上，完成食品公司智能码垛工作站系统集成项目的整体设计方案，并填写工作任务需求分析表（表2-1）。

表2-1 工作任务需求分析表

部门： 填报人：

情境任务名称			
完成时间		完成形式	
任务内容	1. 2. 3. 4. 5.		
知识点	1. 2. 3. 4. 5.		
技能点	1. 2. 3. 4. 5.		
备注			

 学习情境实施

经过学习情境分析，明确本学习情境的工作任务是升级改造现有人工码垛工作站，成为智能码垛工作站。

为了高质量、高效率地完成工作任务，请认真填写工作任务实施计划表（表2-2），要求有具体的工作内容及完成标准、责任人和完成时间。

表 2-2 工作任务实施计划表

部门：			填报人：	
任务名称			项目组名	
完成时间			项目负责人	
任务分工	工作内容及完成标准		责任人	完成时间
备注				

任务 2-1 智能码垛工作站设备选型

一、任务资讯

（一）工作任务描述

一个完整的可靠的智能码垛工作站需要以一台工业机器人为中心，配有一定数量、种类的外围设备设施共同组成。集成这样一个智能码垛工作站的首要任务就是根据具体的码垛应用要求、工艺要求，选择合适的工业机器人及与之配合工作的外围设备。

根据智能码垛工作站设计方案，合理选择一台串联 6 轴工业机器人及与之配合的有关设备，形成 BOM 表，进行采购。

（二）工作任务资讯

1. 工业机器人主要参数介绍

（1）工业机器人自由度。

何为自由度？自由度是指物体上任何一点都与坐标轴的正交集合有关，或者说，物体能够对坐标进行独立运动的数目。如图 2-3 所示，设坐标系由 3 个轴

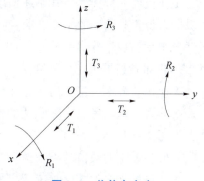

图 2-3 物体自由度

Ox、Oy、Oz 构成。与三个轴有关的运动有 3 个平移运动 T_1、T_2、T_3；有 3 个绕轴旋转运动 R_1、R_2、R_3。空间中任意一点可以用 6 个参数确定它的位置和姿态，也可以说成空间任意一点有 6 个自由度。

工业机器人的自由度由其机械结构决定并且影响机器人的灵活性。对于关节型机器人（串联 6 轴）来说，其关节数目就是自由度的数目。

特别说明的是：工业机器人末端执行器（夹爪）及其自身的自由度不是工业机器人本体的自由度。

（2）工业机器人工作空间。

工业机器人工作空间是指在机器人的所有运动时，第 6 轴法兰中心点扫过的全部空间，如图 2-4 所示。

安装上夹爪或者末端执行器后，机器人的工作工作空间会比本体的工作空间有所增加，这点需要特别注意。

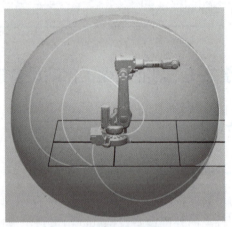

图 2-4　工业机器人工作空间

（3）工业机器人分辨率。

工业机器人分辨率是指机器人每个轴（关节）所达到的最小位移增量，或者说是能够实现的最大移距和最小转动角度。

工业机器人分辨率与其制造精度有关，反映工业机器人控制系统对机器人位置和运动的精度需求。一般分为重复定位精度、零点漂移、运动分辨率、视觉分辨率等。

（4）工业机器人定位精度。

工业机器人定位精度是指工业机器人到达指定点的精确程度，即工业机器人末端参考点实际到达的位置和所需要到达的位置之间的差距，如图 2-5 所示。

一般，差距的数值越小，说明工业机器人定位精度越高。

工业机器人定位精度与工业机器人的制造工艺、驱动器分辨率以

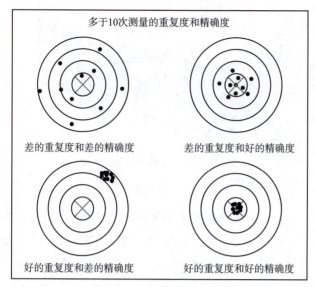

图 2-5 工业机器人定位精度

及反馈装置有关。

(5) 工业机器人重复定位精度。

工业机器人重复定位精度指的是在同一条件下使用同一方法操作时，重复几次所测量的位置与姿态的一致程度。一般情况下，重复精度呈现正常分布描述方式：±0.01 mm。它与工业机器人驱动器分辨率及反馈装置的性能有关。

(6) 工业机器人工作载荷。

工业机器人工作载荷是指在工业机器人工作范围内任何位置上所能承受的最大质量。它与机器人运动轨迹、速度、加速度、大小、方向等有关。特别说明，工业机器人的工作载荷包括末端执行器的质量。

(7) 工业机器人工作速度。

工业机器人工作速度是指机器人在运动中最大的移动速度。目前，工业机器人的最大速度（直线运动）为 1 000 mm/s 左右，最大回转速度为 120°/s 左右。

工业机器人工作速度能反映工业机器人作业水平，与驱动方式、定位、抓取质量的大小和行程距离等有关，直接影响工业机器人的运动周期。

2. 工业机器人工作站常用安全设施

一般，工业机器人工作站都要设置安全防护装置，如护栏、三色灯等，主要是用于用工安全和工业机器人自身设备的保护。

(1) 防护栏杆。

安全围栏是用于限制机器人运动范围的一种装置。他可以用于固定机器人，并限制人员进入机器人操作区域。防护栏杆可以采用金属或塑料材料制作，以提高强度、耐用性和方便性，如图 2-6 所示。

图 2-6　防护栏杆

（2）光幕。

光幕是一种可以检测机器人周围环境的装置，它利用红外或激光发射器发射红外线或激光束，当有物体或人员进入机器人工作区域时，就会触发光幕，并立即停止机器人的运动，以保障人员的安全，如图 2-7 所示。

（3）安全开关。

在某些紧急情况下，及时停止机器人的运行是非常关键的。安全开关可以被配置为机器人的急停按钮，当发生危险情况或操控者需要立即停止机器人时，只需按下安全开关即可迅速切断机器人的电源，以确保操作者的安全和设备的安全，如图 2-8 所示。

图 2-7　光幕

图 2-8　安全开关

（4）工业机器人工作辅助设备。

工业机器人完全码垛操作，不仅要有机器人本体，同时还需一些配合设备设施，如输送带、变位机、托盘等。

输送带，又称运输带，是用于皮带输送带中起承载和运送物料作用的橡胶与纤维、金属复合制品，或者是塑料和织物复合的制品，如图 2-9 所示。

变位机是辅助工业机器人工作的重要设备，多应用于焊接工作站。机器人变位机通过回转运动改变产品方位，使机器人得到理想的加工位置和工作速度，以提高生产效率，如图 2-10 所示。

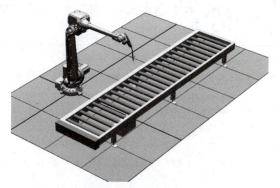

图 2-9 输送带

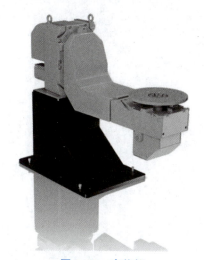

图 2-10 变位机

托盘是以集装、堆放、搬运和运输、放置作为单元负荷的货物和制品的水平平台装置。托盘作业是迅速提高搬运效率和使材料流动过程有序化的有效手段,在降低生产成本和提高生产效率方面起着巨大的作用,如图 2-11 所示。

图 2-11 托盘

二、引导问题

引导问题 4:根据食品公司奶粉生产线中码垛单元的码垛箱体、码垛垛型以及生产工作流程的具体情况,结合工业机器人的主要参数,为智能码垛工作站选择一台合适的工业机器人。要求有型号、厂家、主要参数以及特征。

✉ **引导问题 5**：根据智能码垛工作的特征，为工作站合理选择防护设施，并说明其工作原理、型号、防护对象等。

_____
_____
_____
_____
_____
_____

三、任务实施

依据所选择的智能码垛工作站设备，完成以下任务：

（1）做出智能码垛工作站的 BOM 表；

（2）画出智能码垛工作站平面布置图。要求设备设施标识清晰，工艺流程与设备布置合理，方便日常维护、保养及故障排除。

任务 2-2　智能码垛工作站机器人夹爪设计与安装

一、任务资讯

（一）工作任务描述

工业机器人工作站是完成特定工作任务的设备组合体。其中，工业机器人末端执行器和机器人本体的安装比较重要，需要有相关的技术技能。根据智能码垛工作站设计方案中的码垛工艺，用 CAD 画出所用夹爪，并将其与工业机器人一同安装于智能码垛工作站相应位置。

（二）工作任务资讯

1. 工业机器人夹爪

工业机器人夹爪（图 2-12）是工业机器人系统集成应用中的重要生产工具，它与工业机器人本体联合使用可完成不同的任务要求。一款合适的、高质量的机器人夹爪能够提高生产效率和产品质量。

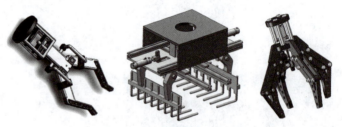

图 2-12　工业机器人夹爪

工业机器人只有用上合适的夹爪，才能完成生产过程中的取、放、组装、切割、焊接等工作任务。随着科学技术的进步，机器人的夹爪也不断发展，使其能够胜任更加复杂的生产任务。

工业机器人夹爪的发展主要经历以下几个过程：

（1）20 世纪 70 年代，工业机器人夹爪主要用于重复的、简单的生产操作；

（2）20 世纪 80 年代，工业机器人夹爪主要完成精细化、智能化和多任务应用场景，具有自适应能力和感测功能；

（3）20 世纪 90 年代，工业机器人夹爪出现专业化和模块化，由单一领域向多个领域渗透；

（4）21 世纪以来，工业机器人夹爪与传感器、人工智能深度融合，实现自适应控制、物体识别和抓取等复杂应用场景。

2. 工业机器人运动中的位姿

工业机器人运功：改变工业机器人的位置和姿态（position and orientation）。人们经常错误地认为在空间中的位置等于姿态。何为位姿？位姿就是工业机器人运动的位置和姿态。在工业机器人坐标系中用（x，y，z）表示位置，用（ox，oy，oz）（轴的夹角）表示姿态。

位置描述：在工业机器人所建立的坐标系中，工作空间中任何一点都能够用一个 3×1 的位置矢量来进行精确描述，从而确定这个点的位置。

姿态描述：在工业机器人所建立的坐标系中，工作空间中任何一点可呈现出多种姿态，而姿态可以用与 ox、oy 和 oz 的夹角来确定，即（yx，yy，yz）。

这样，工业机器人工作空间任何一点都需要用 6 个参数表示，即（x，y，z，yx，yy，yz），这样可以确定这一点的位置和姿态。因此，被码垛的奶箱用位置和姿态共同确定。

3. 工业机器人夹爪的安装

工业机器人要完成码垛必须安装合适的夹爪。工业机器人夹爪要根据被操作对象，工作环境等进行专门设计。有了夹爪后，如何安装？一般步骤如下：

（1）确定工业机器人夹爪的安装位置通常在机器人末端或工件夹持系统中。在安装时确保夹爪的轴线与工件轴线对齐，并且夹爪和工件夹持系统之间没有干涉，夹爪不影响机器人或者其他设备的正常工作。

（2）安装夹爪的基座或底座要与安装平面垂直。

（3）安装夹爪本体，注意间隙应该均匀，紧固螺栓并均匀拧紧；

（4）连接电源或电源和控制器，进行调试和测试。

二、引导问题

引导问题 6：考虑与被码垛物体（奶箱包装箱）的适配性，用 CAD 软件画出一款用于智能码垛工作的工业机器人夹爪。要求如下：

（1）夹爪的材料强度好、柔性好；

（2）夹爪的驱动方式选择合理；

（3）夹爪的功能可以满足码垛的"位姿"要求；

（4）用 CAD 画出夹爪的三视图。

学习笔记

引导问题 7：查找工业机器人技术手册中有关工业机器人本体安装须知，写出安装工业机器人的一般流程。

（1）确定工业机器人安装位置：包括位置、方向，并确定充足的工作空间；

（2）安装基础设施：包括机器人支撑结构、电气连接结构、工作区安全防护和工业机器人控制器；

（3）安装工业机器人本体和末端执行器，并进行相关调试；

（4）安装工业机器人工作站其他辅助设施；

（5）安装智能码垛工作传感器和视觉系统（根据任务要求）；

（6）安装并调试工作电源使网络各部件能够正常工作。

三、任务实施

依据所设计的工业机器人夹爪,在工业机器人本体上正确安装,并设定安装夹爪的工具坐标。

_____
_____
_____
_____
_____

任务 2-3　智能码垛工作站程序设计与调试

一、任务资讯

(一)　工作任务描述

智能码垛工作站中的机器人按照码垛工艺要求完成码垛工作,在硬件搭建好的基础上,还要有一套高质量的码垛程序。根据任务 2-2 搭建的食品公司的码垛工艺要求,编写工业机器人码垛程序,并在工作站上进行调试,最终实现码垛工作。

(二)　工作任务资讯

1. 工业机器人编程步骤

工业机器人之所以可以智能、高效地完成人类交办的工作任务,是因为人类通过程序赋予其智慧、高效、逻辑清晰的工作步骤。一般编程步骤如下:

(1) 了解工业机器人安装的操作软件,充分了解所用工业机器人控制软件的界面、功能;

(2) 了解工业机器人工作站的硬件结构及信号连接,并认真识读工作站的各种图纸;

(3) 根据工作站任务的工艺要求,用示教器建立工具坐标系、工件坐标系,并学会在编程中灵活地切换;

(4) 绘制工业机器人系统工作任务流程图,建立合理的示教点;

(5) 依据工作任务配置变量、I/O 信号和通信;

(6) 用相应的工业机器人指令功能函数,按照流程图编写程序;

(7) 调试与修正,实现工作站工作任务。

图 2-13 所示为 ABB 机器人程序框架。

2. 工业机器人程序流程图

程序流程图有三种基本的"建筑单元",即顺序结构、选择(分支)

结构和循环结构。复杂的算法都可以用这三种结构搭建，如图2-14所示。

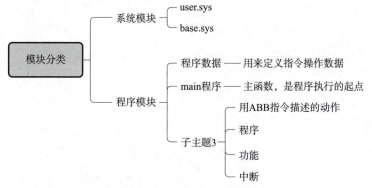

图 2-13 ABB 机器人程序框架

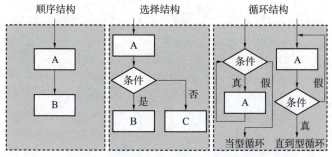

图 2-14 工业机器人程序语言常用的三种结构

工业机器人编程直接用程序流程图表示编程的思路，同时也可以方便地描述新动作流程，让程序结构清晰、逻辑性强。

二、引导问题

引导问题 8：在深度理解码垛生产工艺过程的基础上，用程序流程图的表达式画出智能码垛工作中工业机器人的动作，并标注相应的说明。

注意：要区分程序流程图和控制流程图的不同。

引导问题9：依据工业机器人码垛程序流程图，编写智能码垛机器人工作程序，写在下面空白处。

学习笔记

三、任务实施

用示教器输入或者用存储介质导入码垛工作程序,在智能码垛工作站上进行实际调试,并记录调试过程中的问题与解决办法。

问题 1:

解决办法描述:

问题 2:

解决办法描述:

问题 3:

解决办法描述:

学习情境评价与反思

一、学习情境评价

根据学习情境工作任务的完成情况以及实施过程中的相关记录,对照工作任务需求分析表、工作任务实施计划表的内容,对本学习情境工作任务完成情况进行全面、客观、认真的自我评价、互相评价、教师评价,填写工作任务实施评价表(表2-3)。

表2-3 工作任务实施评价表

部门:		填报人:	
任务名称		承担项目组	
完成时间		完成情况	○完成 ○未完成

自我评价	人:	
	机:	
	物:	
	法:	
	环:	
互相评价		
教师评价		
备注		

二、学习情境工作任务实施反思

针对学习情境工作任务实施全过程中出现的问题、完成的情况、方法的合理性等进行认真的复盘与反思，总结出工作经验和解决问题的方法。

引导问题 10：在任务完成复盘基础上，回答以下几个问题。

(1) 选择工业机器人主要依据的参数有哪几个？

(2) 工业机器人系统集成中"位姿"的重要性。

(3) 生产工艺对工业机器人码垛编写起到什么作用？

_____
_____
_____
_____

引导问题 11：在完成智能码垛工作站设计、安装、调试、交付的过程中，你认为"执着专注"的工匠精神起到什么作用？你是否能在今后工作岗位中树立"执着专注"的工匠意识？

_____
_____
_____
_____

 ## 学习情境拓展

机器人码垛的应用场景已经普及，工作内容与码垛物品也呈现多样化，要求智能码垛工作站具备三种不同形状物品码垛的能力。请在本学习情境的基础上，开发出能完成三种以上（包括三种）不同形状物品码垛的智能码垛工作站，写出具体的方案和关键的技术点。

思考：

(1) 请写出垛型一具体的方案和关键的技术点。

_____
_____

(2) 请写出垛型二具体的方案和关键的技术点。

_____
_____

(3) 请写出垛型三具体的方案和关键的技术点。

_____
_____

学习情境三

双台工业机器人协作工作站系统集成

学习情境目标

理论知识目标：
了解工业机器人之间信息和数据交换方式；
了解工业机器人I/O信号的输入与输出；
理解RS232/RS485通信协议及工作原理；
理解工业机器人系统中常用传感器的工作原理。

技术技能目标：
会根据工艺要求合理选择传感器并正确安装；
会用示教器配置工业机器人I/O信号，实现输入与输出；
会制作RS232/RS485通信线，搭建双机之间的通信通道；
会根据工艺流程编写两台机器人的任务程序。

职业素养目标：
树立精益求精的职业素养；
树立社会主义核心价值观；
增强绿色发展意识；
培养从零碎信息中构建知识体系的能力。

学习情境描述

数据作为关键生产要素已经渗透到各行各业生产生活的全流程中。传统产业在数字技术深度融合下，向数字化、智能化、绿色化方向快速转型升级。

食品公司对传统码垛工作站进行智能化升级后，决定对奶粉生产线包装单元进行智能化改造，具体要求如下：

（1）用两台串联6轴工业机器人协作完成6罐奶粉装箱、封箱、喷涂二维码的工作；

（2）奶粉罐为直径500 mm、高600 mm的圆柱体，装入奶粉后，总质量为 1.5 kg；每箱装 6 罐奶粉，箱体与奶粉总质量为 10 kg；

（3）给两台工业机器人设计多个末端执行器，并能实现快换功能；

（4）搭建工业机器人之间、工业机器人与传感器间的信道或网络，编写两台协作机器人的工作任务程序，实现协作，完成智能装箱；

（5）智能包装工作站完成任务后，必须与智能码垛工作站无缝连接。

图 3-1 所示为智能包装单元工艺流程。

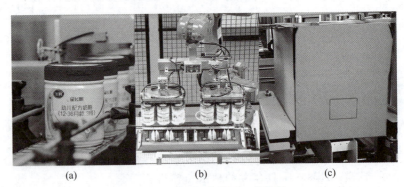

图 3-1　智能包装单元工艺流程

(a) 奶粉罐；(b) 包装示意；(c) 封箱与打码

学习情境分析

工业机器人在多数行业应用中，担负的任务复杂且多样，若使用单台工业机器人全部独立完成，会造成工作效率低下，难以符合生产节拍。因此，用两台或两台以上工业机器人协同工作，成为工业机器人系统集成常见的应用场景和必须掌握的技术技能。

根据情境描述，智能包装单元需要两台工业机器人协同工作，完成装箱、合箱、封箱、喷涂二维码以及向码垛单元输出等一系列的动作。因此，需要考虑以下几个环节。

1. 两台工业机器人的选择要点

奶粉罐质量为 1.5 kg/罐，一箱 6 罐，箱体质量为 1 kg，合计 10 kg/箱；另外，还要考虑工作范围，工作精准度等实现情况，来综合性选择工业机器人。

2. 两台工业机器人末端执行器的设计

根据学习情况描述可知，工业机器人分别完成装箱、合箱、封箱、打码等工作，需要使用不同的末端执行器。因此，要根据分配给不同机器人的工作任务来设计相应的末端执行器。

3. 两台工业机器人合作完成工作任务的路径规划

两台工业机器人协同工作，必须考虑每台工业机器人的摆放位置、动作路线、工作速度与节拍,确保相互之间不影响、不碰撞。

4. 两台工业机器人之间的数据信息传输与交换

两台工业机器人协同工作,必须让两台工业机器人知道自己的工作环境、工作状态以及另外一台工业机器人的工作环境、工作状态等,那么就必须建立数据、信息的交换通道,选择合适的通信协议,正确地传输数据或信息。

📩 **引导问题 1**:写出两台工业机器人要完成的动作关键点,结合工业机器人的主要参数,合理选择两台协同工作的工业机器人的型号,并说明理由。

   原有动作   可替代动作

_____

_____

_____

_____

_____

📩 **引导问题 2**:依据智能包装单元工艺流程,设计并画出该工作站整体平面布置图,在图中标出工艺路线和各设备名称。

在完成前面引导问题的基础上,编写智能包装工作站设计方案,要求具备可操作性、可实施性,并填写工作任务需求分析表(表3-1)。

表3-1 工作任务需求分析表

部门: 填报人:

情境任务名称			
完成时间		完成形式	
任务内容	1. 2. 3. 4. 5.		
知识点	1. 2. 3. 4. 5.		
技能点	1. 2. 3. 4. 5.		
备注			

 学习情境实施

经过学习情境分析,明确本学习情境的工作任务是升级改造现有人工装箱工作单位,成为智能包装工作站。

为了高质量、高效率地完成工作任务,请认真填写工作任务实施计划表(表3-2)。要求有具体的工作内容及完成标准、责任人和完成时间。

表 3-2　工作任务实施计划表

部门：		填报人：	
任务名称		项目组名	
完成时间		项目负责人	
任务分工	工作内容及完成标准	责任人	完成时间
备注			

任务 3-1　智能包装工作站数据采集与交换

一、任务资讯

（一）工作任务描述

智能包装工作站两台工业机器人分工协同工作，完成奶粉罐装箱、封箱、喷涂二维码、传送等任务，必须让工作站中各设备状态数据采集后，传输到相应的设备，实现工作站内数据采集和数据传输。因此，需要画出智能包装工作站数据的采集和交换拓扑图，标注出传感器安装位置和数据交换的通道。

（二）工作任务资讯

1. 总线、协议、接口的概念与区别

随着新一代信息技术与工业机器人产业深度融合，工业机器人的应用由单机走向多机协作工作模式。总线、协议、接口成为系统集成中出现频率高且必须被理解的概念（图 3-2）。

（1）总线。

总线就是一组由逻辑器件构成，用于传输数据或信息的通道。总线有各种各样的，就如同道路交通规则，有高速公路、城市道路和人行通道，不同道路上有不同的规则，就形成不同的总线，如 RS232、Profibus、Profinet、CAN、DeviceNet 等。

(2) 协议。

协议就是在数据或信息传输总线上的规则,是需要传接数据或信息各方共同遵循的一种准则,就像小型汽车在高速公路的时速不能低于 60 km/h 一样。

(3) 接口。

接口就是物理层面上将两台设备连接起来的标准端口,其本质是一套进行电平转换、协议解释的电路,这与高速公路出入口的收费站可以识别各种类型的汽车,并让汽车转换速度的道理是一样的。

图 3-2 总线、协议和接口示意图

2. 传感器及其在工业机器人系统集成中的作用

(1) 传感器。

传感器是能感受到被测量的信息,并能将感受到的信息,按一定规律变换成为电信号或者其他所需形式的信息输出,以满足信息或数据的传输、处理、存储、显示、记录和控制等要求的检测装置,是工业机器人系统集成中不可缺少的装置。

一个完整的工业机器人工作站中包含各种各样的传感器。在机器人本体内部有检测机器人各子系统状况,如关节的位置、速度、加速度、电池电压、电机转速等信息的传感器;在机器人本体外部有检测工作环境、动作状态等,如视觉、触觉、力觉等信息的传感器。

在工业机器人系统集成工作中,常用的是外加于工业机器人本体或者工作站相关设施设备上的传感器,通常有视觉传感器、触觉传感器、接近传感器、力觉传感器、听觉传感器等。

(2) 工业机器人系统集成中常用的传感器。

①视觉传感器。

工业机器人系统集成中可以使用摄像头、激光扫描仪等视觉功能,来感知工作环境并进行图像分析、处理,识别工作目标。视觉传感器是一种非接触式传感器,应用非常广泛(图 3-3)。

图 3-3 一种视觉传感器

②触觉传感器。

工业机器人系统中通过使用压力、力等传感器，感知接触力和重力等环境变化，从而判断物体（目标）是否被抓、被推、被拉或被挤压，是一种接触式传感器（图3-4）。

③力觉传感器。

力觉传感器是用来检测机器人的手臂和手腕所产生的力或其所受反力的传感器。手臂部分和手腕部分的力觉传感器，可用于控制机器人的手所产生的力，在费力的工作中以及限制性作业、协调作业等方面是有效的，特别是在镶嵌类的装配工作中，它是一种特别重要的传感器（图3-5）。

图3-4　一种触觉传感器

图3-5　一种力觉传感器

3. 工业机器人系统集成常用的通信（数据信息交换）方式

面对工业机器人系统的应用场景多样、数据或信息的形式多样、交换协议多样、通信总线工作方式多样的特征，必须在系统集成前选择并确定所要使用的通信方式。在工业机器人系统集成中常见的数据或信息交换的方式有I/O（input/output）通信、总线通信、网络通信三种方式。

（1）I/O通信。

I/O信号是指计算机与外部设备之间的信息交换信号。I/O通信就是通过利用计算机和计算机，计算机和外部设备拥有的接口进行数据传输（图3-6）。

I/O通信的过程：

①计算机（包括单片机）通过控制器控制接口的状态，将需要传输的数据转换为I/O信号，然后依据相应协议发送给外部设备（例如，工业机器人）；

②外设备接收到I/O信号后，将其转换成自身能够识别的数据或信息，然后进行相应的操作；

③在数据接收完成后，外设备要给计算机发回信息，以确认数据是否已经传输成功。

I/O通信的方式有很多，常见的有串口、并口、USB、以太网等。在工业机器人系统集成中，各种开关信号，反馈信号都是数字输入信号；各种继电器线圈、电磁阀、指示灯、蜂鸣器都是数字信号的接收设备（或称为数字输出）。

图 3-6 I/O 通信示意图

（2）总线通信。

总线通信也称为现场总线通信，是实现工业现场设备之间的数据或信息的交换，是 I/O 通信的扩展。

在工业机器人系统集成中使用的总线通信主要有 Profibus 总线、Modbus 总线、串行通信协议、CAN 总线、Ethernet/IP 总线（基于以太网的工业网络协议）和 DeviceNet 总线等。选择什么样的总线需要根据控制器、外设、工作环境以及经济成本等综合因素来确定。

（3）数据通信。

数据通信就是把数据的处理和传输合为一体，实现数字信息的接收、存储、处理和传输，并对信息流加以控制、校验和管理的一种通信形式，如串口通信、WIFI 通信等。

二、引导问题

引导问题 3：（传感器的选择与布置）智能包装工作站需要用两台工业机器人，再配有适应的外围设备共同构成。在工作时，工业机器人需要知道自己、另一台工业机器人和工作站中设备运行以及环境状态，才能协作完成工作任务。因此，必须选择布置好工作站中应有的传感器。请根据智能包装工作站设计方案、平面布置图，标注需要布置（安装）传感器的位置，并列出传感器的型号、功能和与工业机器人的通信方式。

引导问题 4：根据所选择的传感器，写出它们的安装步骤和注意点。主要是构建通信通道。

传感器 1：_____
_____
_____
_____
_____

传感器 2：_____
_____
_____
_____
_____

传感器3：_____
_____
_____
_____
_____
_____

三、任务实施

整理前面引导问题完成的内容，画出用于搭建智能包装工作站的数据或信息的通信网信拓扑图。有条件的可以在实训室或者虚拟仿真平台上搭建出来，并记录搭建过程。

任务 3-2　智能包装工作站硬件安装与配置

一、任务资讯

（一）工作任务描述

根据智能包装工作站的设计方案与平面布置图，搭建智能包装工作站。要求如下：

(1) 正确摆放智能包装工作站中的设备设施；
(2) 正确连接各种传感器；
(3) 正确搭建工作站内数据/信息通信通道；
(4) 正确配置 I/O 和通信协议。

（二）工作任务资讯

(1) 工业机器人 I/O 板卡功能与应用

在工业机器人应用中，常会有很多开关量的 I/O 信号，这些信号可以通过工业机器人所带的 I/O 板卡进行交换和控制，即接收外部 I/O 信号和控制外围设备的动作。一般用来快速连接电磁阀、传感器等。

ABB 工业机器人控制柜中有一块 DSQC651 系列的 I/O 板卡，它是一款拥有 8 个数字输入和 8 个数字输出以及两个模拟输入输出的 I/O 板卡，如图 3-7 所示。

图 3-7　ABB DSQC651 I/O 板卡

DSQC651 I/O 板卡提供 PNP 型数字量输入（输出）；模拟量为 0 V 和 24 V，并作为数字量的 0 和 1。

PNP 型输入（输出）是指正电压，输出是高电平 1；NPN 型输入

(输出)是指负电压,输出是低电平 0。

ABB 工业机器人 I/O 板卡的输入(输出)都是 PNP 型,也就是高电平。

PNP 型输入(输出)是指只能输出 24 V,公共端接口为 0 V;NPN 型输入输出是指只能输出 0 V,公共端接口为 24 V。

应用举例:ABB 工业机器人与周边设备的联动,最常见的是 I/O 输入输出信号的交互。常见的设备有按钮、提示灯、电磁阀、传感器、中间继电器等。

例如,对于三芯线的传感器,有 PNP 型和 NPN 型之分,颜色一般为红、蓝、黑三种,黑色一般作为信号线。ABB 工业机器人的输入信号为 PNP 型,如果传感器也为 PNP 型,则可以直接与 DSQC651 I/O 信号板卡的数字输入端相连接,红色为 24 V;黑色为 D_{i01};蓝色为 0 V。

如果是 NPN 型的传感器,则需要使用中间继电器将低电平转换成高电平。中间继电器是一种控制转换器件,可通过中间继电器实现电流大小的转换,在电路中起着安全保护、转换电路的作用。

2. RS232/RS485 数据通信及应用

工业机器人集成过程中,所需要交换的信息、数据,不仅有开关量,还有多种多样的数据、信息要传输、交换。因此,要将需要发送的数据、信息调制后通过接口发送到对应的设备。RS232/RS485 就是数据传输或交换的一种标准(协议)。

(1) RS232 标准及接口应用。

RS232 标准是由美国电子工业协会联合贝尔系统公司、调制解调厂家以及计算机终端生产厂家于 1970 年共同研发的。RS232 标准是数据终端设备(DTE)和数据通信设备(DCE)之间串行二进制数据交换接口技术标准。

RS232 接口一般采用 DB9 连接器,用 RXD、TXD 和 GND 三条线,实现全双工通信,如图 3-8 所示。

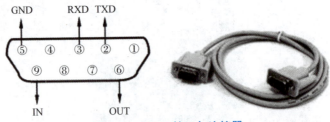

图 3-8 RS232 接口与连接器

RS232 标准采用负逻辑传送,即协议规定逻辑电平"1"代表 -5 V~-31 V,逻辑电平"0"代表 +3 V~+15 V,传递距离可达 30 m。

(2) RS485 标准及接口应用。

1983 年美国电子工业协会在 RS422 工业总线标准的基础上,研发了 RS485 总线标准。RS485 采用 DB9 插头和屏蔽双绞线构建通信通道，如图 3-9 所示。

RS485 标准采用正逻辑传送，逻辑电平"1"代表+2 V～+6 V、逻辑电平"0"代表-6 V～-2 V。采用差分传输方式，有效减少噪声信号的干扰；支持多个分结点和通信距离远。RS485 的传输速率为 10 Mbps。可容纳 128 个收发器，可构建设备网络。

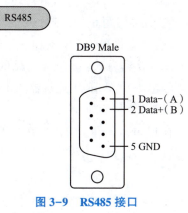

图 3-9　RS485 接口

二、引导问题

引导问题 5：请根据你的方案选择的传感器、开关量，并画出相应的连接线路。

引导问题 6：在进行机器人接线前：应会使用常用的电工工具（一字、十字螺丝刀，剥线钳，压线钳等）；应掌握常用电气元器件工作原理和接线方式；应具备常用的导线接线的基础知识（横截面、电流、颜色等）。ABB 工业机器人 I/O 板卡是 PNP 型，则输入公共端为 0 V，输出公共端为 24 V。

在智能包装单元中，行程开关是一个常用的开关量。请根据选择的行程开关，写出并安装步骤，并在示教器上进行对应的 I/O 配置。

引导问题 7：使用 DB9 连接器及数据线，制作 RS232 传输线，并通过这根连接线构造两台工业机器人数据交换的通道。

三、任务实施

用仿真软件搭建智能包装工作站,并将所选择的传感器、开关量与工业机器人 I/O 板卡连接。同时,构建 RS232 数据交换的通道,并在示教器上完成对应的配置。

任务 3-3　智能包装工作站程序设计与调试

一、任务资讯

（一）工作任务描述

依据智能协作工作站设计方案中两台工业机器人各自承担的工作任务，编写对应的机器人程序，并在已搭建好的工作站（或者在虚拟工作站）上进行调试与优化，实现智能包装的工艺任务。

（二）工作任务资讯

随着工业机器人的应用场景不断增加，完成任务的复杂程度逐渐提高，用户对工业机器人完成任务的效率、质量提出了更高要求，因此，必须提升工业机器人编程逻辑性、程序运行效率和程序稳定以及算法的科学性。

在 ABB 工业机器人中，机器人的程序被称为 RAPID，所有的机器人行为都是通过 RAPID 指令来进行描述与控制的。通常，ABB 工业机器人的指令分为以下几种。

1. 常用的 Common 指令

常用的 Common 指令（图 3-10）包括赋值、逻辑、运动指令等。

图 3-10　Common 指令

2. Prog. Flow 控制程序流程类指令

图 3-11 所示为 Prog. Flow 控制程序流程类指令。在 ABB 工业机器人中所有的控制流程都基于以下五种原理：

（1）调用另一程序（无返回值程序），并在执行该程序后，按指令继续执行；

（2）基于是否满足给定条件，执行不同指令；

（3）重复某一条指令（或某n条指令序列）多次，直到满足给定条件；
（4）移至某一程序中某一标签；
（5）终止程序执行过程。

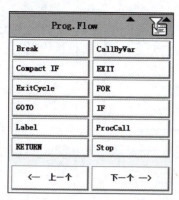

图 3-11　Prog. Flow 控制程序流程类指令

3. Various 指令

Various 指令（various instructions）（图 3-12）有如下四种：
（1）给数据赋值；
（2）等待一段指定时间或等到满足条件时；
（3）在程序中插入注释；
（4）加载编程模块。

4. Setting 运动设置指令

Setting 运动设置指令（motion settings）如图 3-13 所示。该分类中包含了与机器人运动参数设置相关的指令。例如 AccSet Acc，Ramp；其中，Acc 为机器人加速百分率，Ramp 为机器人加速坡度。

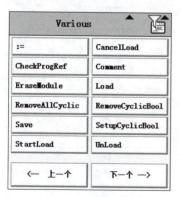

图 3-12　Various 指令

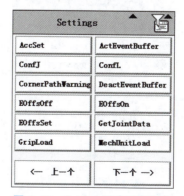

图 3-13　Setting 运动设置指令

5. Motion&Proc/Motion Adv/MotionSetAdv 运动指令

Motion&Proc/Motion Adv/MotionSetAdv 运动指令如图 3-14 所示。

6. I/O 指令

I/O 指令如图 3-15 所示。

图 3-14 运动指令

7. Communicate 通信指令

Communicate（communication）通信指令（图 3-16）包含机器人与人和机器人与其他设备进行通信的指令，如 ClearIOBuff。

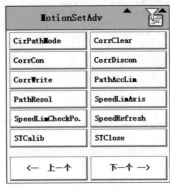

图 3-15 I/O 指令

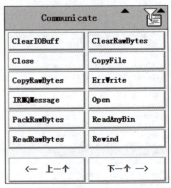

图 3-16 Communicate 通信指令

二、引导问题

引导问题 8：紧色中断性序是什么？

ABB 机器人的 RAPID 程序的执行过程，会遇到突发的紧急情况，这就要机器人中断当前的动作，去处理紧急情况。这个过程实质就是程序指针 PP 马上跳转到紧急处理程序的过程。当处理结束后，程序指针 PP 返回到原来被中断的地方，继续执行后面的程序。

专门用来处理紧急情况的程序，我们称为中断程序——TRAP。
ABB 机器人 RAPID 程序中用到的中断相关指令有以下几种。
Idelete：取消中断；
IsignalDI：使用一个数字输入信号触发中断；
IsignalDO：使用一个数字输出信号触发中断；
IsignalAI：使用一个模拟输入信号触发中断；
IsignalAO：使用一个模拟输出信号触发中断；
Ierror：当一个错误发生时触发中断；
Connect：连接一个中断符号到中断指令（中断与中断程序相连）；
Crobt：读取工业机器人的当前的目标点；
Procall：调用子程序指令。

例如，工业机器人正在完成装箱工作时，发现包装箱没有到或者箱体破损就要触发中断，让工业机器人停止装箱工作，而执行中断程序 TRAP。等处理完成后，再返回装箱工作任务中，继续完成装箱任务。

中断程序的编写：
```
PROC main()
    Idelete intn01;
    Connect intn01 with routine1;
    IsignalDI \signal,dio,1.intn01;
    WHILE true do
    MoveL p110,V1000,fine,tool2;
    MoveL p100,V1000,fine,tool2;
    MoveL p130,V1000,fine,tool2;
        END WHILE
END PROC
TRAP Routine1
    reg1 := reg1+1;
END TRAP
```

引导问题 9：ABB 机器人坐标系转换指令及应用有哪些？

ABB 机器人中的坐标系转换指令可以通过程序控制机器人末端执行器在不同坐标系下的运动。常用的坐标系转换指令包括以下几种。
PRES：将点从基坐标系转换到用户（工件）坐标系；
TOOL：将点从基坐标系转换到工具坐标系；
BASE：将点从工具坐标系转换到基坐标系；
WOBJ：将点从用户（工件）坐标系转换到基坐标系；

例如，ABB 机器人的基坐标系的原点为 (0，0，0)，工具坐标系的原点为（,,），工件坐标系的原点为（50，50，10），则在基坐标系（100，100，100）下：

　　PRES→后（50，150，100）
　　TOOL→后（0，100，100）

三、任务实施

运用 ABB 工业机器人相关指令，编写智能双机协作工作站中 A、B 两台工业机器人的程序，并在仿真软件上实现。

学习情境评价与反思

一、学习情境评价

根据学习情境工作任务的完成情况以及实施过程中的相关记录,对照工作任务需求分析表、工作任务实施计划表的内容,对本学习情境工作任务完成情况进行全面、客观、认真的自我评价、互相评价、教师评价,填写工作任务实施评价表(表3-3)。

表 3-3 工作任务实施评价表

部门:　　　　　　　　　　　　　　　　　填报人:

任务名称			承担项目组		
完成时间			完成情况	○完成　○未完成	
自我评价	人:				
	机:				
	物:				
	法:				
	环:				
互相评价					
教师评价					
备注					

二、学习情境工作任务实施反思

针对学习情境工作任务实施全过程中出现的问题、完成的情况、方法的合理性等进行认真的复盘与反思,总结工作经验和解决问题的方法。

引导问题 10:在任务复盘的基础上,回答几个问题。

(1) 双台机器人协作的关键技术点是什么?

(2) 常用的通信方式有哪些?

(3) 双台机器人协作的程序与单台机器人程序的主要差别是什么?

引导问题 11:在完成智能包装单元的设计、安装、调试、交付过程后,你认为"精益求精"的工匠精神发挥了何种作用。

学习情境拓展

思考:
(1) 请写出双机协作的新技术。

(2) 请写出双机协作的发展趋势。

学习情境四

多机器人工作站站间集成技术

学习情境目标

理论知识目标：
了解现场总线的概念和作用；
了解工业以太网的概念和特征；
认识工业机器人系统集成常用的可编程逻辑控制器 PLC；
认识工业 AGV 的结构与功能。

技术技能目标：
会根据任务要求合理选择 AGV；
会用 PLC 的相关协议搭建系统网络；
会用 PLC 软件编写系统总控程序；
会依据任务需求编写 HMI 界面及功能实现。

职业素养目标：
树立团队合作的工匠精神；
树立社会主义核心价值观；
增强开放的发展意识；
培养辨识数字信息的能力。

学习情境描述

党的二十大报告提出，以中国式现代化全面推进中华民族伟大复兴，制造业必然提档升级，走智能化、数字化、绿色化的高质量发展路径。工业互联网、人工智能、大数据、元宇宙等新一代信息技术已经与各行各业深度融合，数字技术赋能传统产业和传统生产过程。

食品公司紧跟时代发展，在前期单独工作站智能化改造的基础上，引入工业 AGV（automated guided vehicle），作为运输奶粉空罐的工作单元。同时，用外部控制器将已经完成智能改造的装箱、码垛工作站，组成一条系统智能化奶粉生产线，实现公司生产过程的全面提档升级。

学习情境分析

工业机器人系统集成不仅有工作站内的集成，能完成一个特定的工作任务；而且还要有多个工作站之间的集成，能共同完成一个系列、一个完整复杂的工作任务。

依据学习情境描述可知，食品公司希望引入工业 AGV 工作站，并和其他工作站一起构成一条智能化奶粉生产线。

一、AGV 移动机器人介绍

（一）什么是 AGV

国家标准《自动导引车 术语》GB/T 30030—2023，是装备物料搬运能力或操作能力，以轮式移动为特征，基于环境标记物或外部引导信号，沿预设线路自主移动的设备。AGV 是轮式移动机器人的特殊应用，如图 4-1 所示。

图 4-1 常见 AGV

AGV 可以用于搬运、装卸、入库、出库操作，被广泛应用于仓储物流、生产制造等场所，可提高自动化程序和工作效率。

AGV 通常通过激光导航、磁导航、视觉导航等技术实现精确定位和路径规划，具备避障、传感、导航、控制等功能，能够与其他设备、系统进行信息交互和协同作业。

AGV 是以计算机硬件技术、并行和分布式处理技术、自动控制技术、传感技术以及软件技术、机械设计和电子技术等为基础技术，人工智能、信息处理、图像处理为一体的多学科系统。

（二）AGV 具有的特点

1. 自主导航

AGV 内置有导航系统或传感器，能够自主导航并避开障碍物，设定好路径后可以准确地移动，无须人工干预。

2. 灵活适应性

AGV 可以适应不同的工作环境和任务，只根据实际需求进行编程和配置，能够运载各种类型的货物或设备。

3. 高效运作

AGV 可以高速、高精度进行运输和操作。

4. 安全性

AGV 配有多种安全功能，确保在工作过程中的安全性，避免潜在事故的发生。

5. 数据收集和监控

多数 AGV 具备数据采集和监控功能，可以收集并传输实时的运行数据、工作状态等信息。

6. 可编程和可扩展

AGV 可以通过编程进行配置，以满足不同的运输需求。另外，还具有可扩展性。

（三） AGV 的基本结构

AGV 由硬件和软件组成。

1. 硬件结构

AGV 硬件结构分为三部分：机械系统、动力系统和控制系统。机械系统由车体、车轮、转向、移载和安全装置构成；动力系统由行走电机、移载电机和电池组及充电装置组成；控制系统由信息传输与处理装备、驱动控制、转向控制、移载控制和安全控制等构成。

2. 软件结构

AGV 软件结构有控制算法、运动控制软件、任务调度软件、通信协议、人机界面、数据库管理软件、其他管理软件等。

二、PLC 控制器介绍

可编程逻辑控制器（programmable logic controller，PLC）是一种专门用于工业自动化控制的电子设备。

PLC 具备以下特点。

1. 可编程性

PLC 应用程序的编制非常方便，编程可以采用与继电器、接触器、控制电路十分相似的梯形图语言，这种语言形象直观、容易掌握，即使没有计算机知识的人也很容易掌握。

2. 可靠性

PLC 采用实时控制系统，具有高精度、高可靠性和稳定性的特点，能够适应各种形式和性质的开关量和模拟量的输入、输出，能方便且成功地实现 D/A、A/D 以及 PID 运算，实现过程控制、数字控制等功能。它还可以和其他计算机系统、控制设备共同组成分布式或分散式控制系统。

3. 灵活性

PLC 可以支持多种输入输出设备，可以与各种传感器、执行器等进行通信，实现对多种设备的控制与监控，方便查出故障原因。

4. 编程语言多样性

PLC 支持多种编程语言，如梯形图（ladder diagram）、功能块图（function block diagram）和结构化文本（structured text）等。

PLC 技术广泛应用于工业自动化领域，如生产线控制、机器人控制、过程控制等，常见的有以下应用领域。

(1) 自动化生产线控制；

(2) 物料配送系统控制：运输、分拣和储存等；

(3) 机器人控制：动作和操作；

(4) 工艺控制系统：参数、数据、控制算法。

引导问题 1：在了解 AGV、PLC 的基础上，结合智能码垛工作站、智能包装工作站的实际功能，设计使用 PLC 作为主控器的智能奶粉生产线系统，并用图形表示。

引导问题 2:利用各种资源,对比单片机、PLC 两种控制器的优缺点,用图表说明。

学习笔记

依据对学习情境的分析和完成引导问题的内容,认真填写工作任务需求分析表(表4-1)。

表4-1 工作任务需求分析表

部门: 　　　　　　　　　　　　　　　　　　　　填报人:

情境任务名称		
完成时间		完成形式
任务内容	1. 2. 3. 4. 5.	
知识点	1. 2. 3. 4. 5.	
技能点	1. 2. 3. 4. 5.	
备注		

 ## 学习情境实施

通过学习情境分析,明确本学习情境的工作任务是利用 PLC 完成智能码垛、智能装箱、AGV 智能配送三个独立工作站站间的集成,最终构建智能奶粉生产线。

为了高质量、高效率地完成工作任务,请认真填写工作任务实施计划表(表4-2),要求有具体的工作内容及完成标准、责任人和完成时间。

表 4-2　工作任务实施计划表

部门：　　　　　　　　　　　　　　　　　　　　　填报人：

任务名称		项目组名	
完成时间		项目负责人	
任务分工	工作内容及完成标准	责任人	完成时间
备注			

任务 4-1　多工业机器人工作站站间系统网络基础知识

一、任务资讯

（一）工作任务描述

在工业机器人系统中，工作站与工作站、工作站与计算机等会有大量的信息、数据进行交换。要进行信息、数据的交换，就必须建立或搭建好相应的工业机器人系统中的网络。在认真学习各种工业网络知识的基础上，选择合适的控制器，画出多工业机器人工作站间系统的网络拓扑图。

（二）工作任务资讯

1. 网络拓扑结构知识介绍

网络拓扑结构是指用传输媒介互连各种设备的物理布局，实质上就是用什么方式把网络中的计算机、工业机器人等设备连接起来。通常，网络拓扑结构由结点、链路、通路构成星形、环形、总线、分布式、树形、网状等网络结构（图 4-2）。

（1）结点。

结点就是网络单元，网络单元是网络系统中各种数据处理的设备、数据通信控制设备和数据终端设备。

结点分为转结点和访问结点。转结点的作用是支持网络的连接，它通过通信线路转接和传送信息；访问结点是信息交换的源点和目标。

（2）链路。

链路是两个结点间的连接通路。一般分为物理链路和逻辑链路。物理链路是指实际存在的通信连线；逻辑链路是指在逻辑上起作用的网络通路。

（3）通路。

通路就是从发出信息的结点到接收信息的结点之间的一串结点和链路。

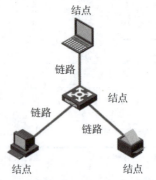

图 4-2　网络拓扑图中的结点、链路和通路

2. 网络拓扑结构种类

（1）星形拓扑结构。

星形拓扑结构：各工作站（设备）以星形方式连接成网，如图 4-3 所示。这种网络中有中央结点，其他结点都与中央结点直接相连，这种连接方式也称为集中式网络。其优点是便于集中控制，但是，中央结点必须具备极高的可靠性。

（2）环形拓扑结构。

环形拓扑结构是一个端用户到另一个端用户，直到将所有的端用户连接成环形，如图 4-4 所示。数据、信息在环路中沿着一个方向在各个端用户间传输。其存在固有的缺点，即一旦有一个端用户（或者结点）损坏，则整个网络将损坏。

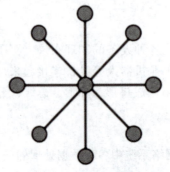

图 4-3　星形拓扑结构

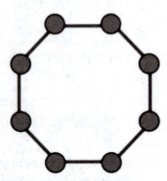

图 4-4　环形拓扑结构

(3) 总线型拓扑结构。

总线型拓扑结构是一个使用同一个媒介或电缆连接每一个网络中的端用户的一种方式。各结点和终端用户地位平等,无中心点控制,如图 4-5 所示。

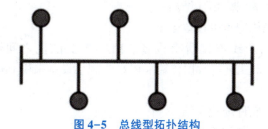

图 4-5　总线型拓扑结构

3. 工业机器人系统集成常用工业网络介绍

要将多个工业机器人工作站集成一条数字化、智能化、绿色化的生产线,必须搭建网络,进行数据、信息的传输与交换。工业以太网是常用于生产和过程的自动化。

工业以太网具有价格低廉、稳定可靠、通信速率高、软硬件产品丰富、应用广泛以及技术成熟等特点。在工业机器人系统集成中常用的工业以太网有 ModBus、TCP/IP、Profinet 等。

(1) Profinet 工业以太网。

Profinet 工业以太网由 ProfiBus 国际组织推出,基于工业以太网技术的自动化总线标准,为自动化通信领域提供一个完整的网络解决方案。

应用 Profinet 协议(标准)可以组成线形、星形、树形和环形网络拓扑结构,如图 4-6 所示。

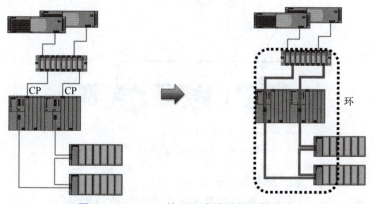

图 4-6　Profinet 协议组成的网络拓扑结构

Profinet 网络可以使用有线传输介质,也可以使用无线传输介质。我们利用 PLC 中的 Profinet 协议来说明如何搭建以太网。

第一步:Profinet 网络架构搭建。

首先,确定工业以太网中入网的设备数量。

然后，根据现场设备的数量及位置确定交换机接口数量。这里有一个经验值：一般线体形式选用1612交换机；工作站形式选用812交换机。

第二步：选择搭建原则并进行网络连线。

选择合适的网络拓扑结构；

每个交换机应至少预留1个备用口；

通过专用网线连接所有设备。PLC与上位机之间通过以太网（TCP/IP）的形式进行数据传输。PLC与现场设备采用Profinet网络形式进行连接。

第三步：软件配置网络。

通过专用软件配置各设备的地址，必须唯一。

完成组态，构建可以使用的Profinet网络。

（2）Modbus工业以太网。

Modbus协议广泛应用在工业控制器、HMI和传感器上，用于和外部设备进行通信。它也是一个工业网络中常用的协议，由带智能终端的可编程控制器和计算机通过公用线路或局部专用线路连接而成。Modbus网络可以用于各种数据的采集和过程监控。Modbus网络如图4-7所示。

Modbus协议是由AEG-Modicon（莫迪康）公司开发的串行通信协议，是一种应用层消息传递协议，提供连接不同类型网络上设备的客户端-服务器通信。

Modbus串行通信协议基于主从原理，由主设备发起，整个网络可支持247个远程从属控制器（或终端）。Modbus协议包括ASCII、RTU、TCP三种模式。

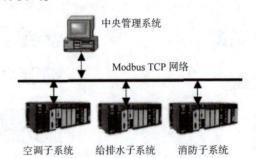

图4-7 Modbus工业以太网

Modbus工业以太网搭建步骤如下。

第一步：确认工业机器人系统中所有主设备和从设备；

第二步：用"双绞线"组成网络，将所有设备连接起来；

第三步：配置Modbus网络地址。

（3）工业以太网。

工业以太网是一种在技术上与IEEE 802.3（Ethernet）兼容的区域和单元网络。一个工业以太网由网络部件、连接部件和通信介质三部分组成，如图 4-8 所示。

```
网络 → 工业网络         基于IEEE801.1    工业以太网    ┌ FF HSE
       （用于工业领域）  ─────────→    （实时通信） │ Modbus TCP/IP
                                                    │ Profinet
                                                    └ Ethernet/IP
```

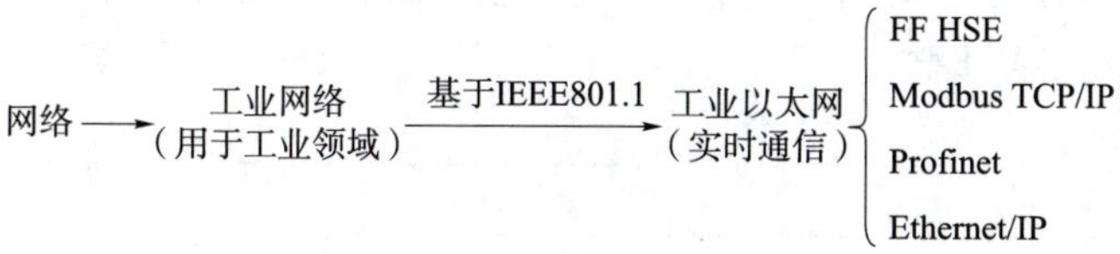

图 4-8 工业以太网

二、引导问题

引导问题 3：依据学习情境描述，以 PLC 作为奶粉生产线的总控制器，画出智能奶粉生产线的网络拓扑图，同时，标注所使用的传输协议，并说明理由。

引导问题 4：依据所画的奶粉生产线拓扑图，写出所用网络协议的具体配置步骤。

三、任务实施

在仿真软件中，搭建智能奶粉生产线，并构建系统网络。

任务4-2 多工业机器人工作站站间集成总控系统搭建

一、任务资讯

（一）工作任务描述

PLC 由于其自身特点，广泛应用于工业机器人系统集成中。根据表 4-1 的总体设计要求，选择合理（合适）的 PLC 作为智能奶粉生产线的总控制器，进行系统网络的搭建、配置，并在仿真软件上完成。

（二）工作任务资讯

1. PLC 控制器的选择

合理选择工业机器人系统的总控制器是完成多工业机器人工作站间集成的首要、关键所在。在选择 PLC 时，主要依据工业机器人系统工艺流程和系统需要实现的功能，应从以下几个方面进行考虑。

（1）输入输出点数的估计。

将需要与 PLC 连接的输入输出点数整理出来，在该数的基础上增加 10%~20% 的可扩展裕度，作为 PLC 输入输出点数。另外，要符合四舍五入的规则。

（2）存储容量的估计。

在选择 PLC 时，需要考虑 PLC 的存储容量。一般，PLC 存储容量没有固定的计算公式，通常是数字 I/O 点数的 10~15 倍，再加上模拟 I/O 点数的 100 倍，并考虑冗余的 25% 作为 PLC 存储容量的估计值。

（3）控制功能的选择。

PLC 控制器有多种系列、多种组成，要依据实际工艺要求和控制应用现象，合理选择 PLC 的功能模块，如操作功能、控制功能、通信功能、编程功能、诊断功能和处理速度等。

（4）经济成本因素。

PLC 控制器广泛应用于工业领域，因此，必须考虑经济因素，从性价比、可扩展性、可操作因素和投入产出比等几个方面综合考虑与选择。

2. PLC 控制系统组成

PLC 控制系统可以根据预先设定的逻辑执行命令，并集成了通信技术、计算机技术和微电子技术等现代技术。工业领域一般采用它作为控制系统的核心。

PLC 控制系统通常有三大组成部分，即数据采集单元、核心处理单元和执行机构。通过数据采集单元收集系统运行的各种信息,并将信息提供给相关的处理器;核心处理单元对数据进行排序、分析、计算后,输出信号(预设逻辑)来控制执行器;执行机构收到控制信号后,进行相应的动作,实现对各种设备的控制。图4-9所示为PLC控制系统框图。

例如,在选定PLC后,给输入端口接入输入设备(如按钮、触点、行程开关、传感器等)作为外部数据、信号的采集;给输出端口接上相应的输出设备(如指示灯、电磁阀、线圈等),再通过通信接口输入编好的PLC程序,并将其存储到PLC存储器中。连接好对应的电源,就构建成了一个PLC控制系统。

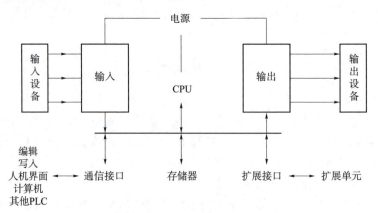

图4-9 PLC控制系统框图

3. 系统监控与HMI

现如今,随着信息技术的发展,监控软件及人机界面(human machine interface,HMI)可作为各类控制系统的上位机,因HMI具有直观、友好、稳定的特点,所以广泛应用于工业自动化领域。

HMI是指用于人与机器之间进行交互的界面,如工业机器人中的示教器。在自动化控制系统中,HMI通常是通过触摸屏或操作面板等设备实现的。HMI提供了用户与自动化系统(设备)进行通信和控制的途径,使操作人员能够直观地监视和操纵系统,如图4-10所示。

图4-10 HMI的组成与应用

HMI的主要特点和功能如下。

(1) 直观性：HMI 界面通常采用图形化设计，尽量简洁明了地呈现信息，使操作员能够轻松理解和操纵系统。

(2) 多样化地显示：HMI 界面可以显示各种图表、曲线、动画效果，直观地展示系统的运行状态和数据变化。

(3) 灵活性：HMI 界面可以根据需要进行自定义和配置，适应不同的应用场景和操作要求。

(4) 远程监控与控制：通过网络连接，HMI 可以实现对远程 PLC 系统的监控和控制，方便远程操作和管理。

(5) 数据通信：HMI 支持与其他设备和系统的数据通信，或与 PLC 进行数据交换和共享。

(6) 报表生成和数据分析：HMI 可以生成各种报表和数据分析图表，帮助用户进行系统性能评估和优化。

二、引导问题

引导问题 5：依据智能奶粉生产线的工艺和功能，合理选择一款 PLC。要求写出输入输出点数，计算 PLC 的存储器大小，以及能够支持的网络协议，并说明理由。

_____
_____
_____
_____
_____
_____
_____
_____

引导问题 6：请说出 HMI 在 PLC 中的作用和意义是什么？

(1) 实时监控：HMI 可控展示与 PLC 连接的各种传感器和执行器的实时状态。
_____

(2) 数据采集和记录：
_____

(3) 参数调整：
_____

(4) 报警与警示：

(5) 人机交互：

智能奶粉生产线中 HMI 具体的功能、界面和操作是什么？请设计智能奶粉生产线总控 HMI 界面。

📩 **引导问题 7**：依据智能奶粉生产线工艺和功能，画出以 PLC 为总控制器的系统网络接线图，完成 PLC 与外围工作站或设备的连接，写出 PLC 的 I/O 配置表与地址分配。

三、任务实施

在工业机器人仿真软件中搭建智能奶粉生产线。

任务 4-3　多工业机器人工作站站间系统总控程序开发

一、任务资讯

（一）工作任务描述

根据搭建好的智能奶粉生产线，以及配置好的工业网络，按照设定的工艺流程，编写智能奶粉生产线系统总控 PLC 程序，开发控制系统 HMI 界面，实现奶粉生产过程的智能化、数字化、绿色化。

（二）工作任务资讯

1. 生产工艺和工艺流程

生产工艺是指企业制造产品的总体流程的方法，包括工艺过程、工艺参数和工艺配方等。或者说规定为生产一定数量成品所需起始原料和包装材料的质量、数量，以及工艺、加工说明、注意事项、生产过程控制的一个或一套文件。

生产工艺是企业的看家本领，即企业的核心竞争力。在现代社会生产中，工艺的基础作用尤为重要和明显，它将人、机、料、法、环、测有机结合起来。因此，工艺的进步是企业生产现代化的重要和基本内涵。

工艺流程一般包括五大步骤，即设计和规划、准备和采购、加工和制造、质量控制和检验、包装和出货。每个步骤都具有重要的作用，缺一不可。

生产工艺流程制定原则是技术上的先进性和经济上的合理性。由于不同的工厂设备生产能力、精度以及工人熟练编程程度等因素大有不同，所以对于同一种产品其工艺可能不同，甚至同一工厂在不同时期的工艺也可能不同。

2. PLC 系统程序开发步骤

科学的编程步骤其实很简单，但往往大多数工程师就是因为简单反而忽略了很多细节。一般，PLC 编程分为以下 9 个步骤。

（1）阅读产品说明书。

首先，阅读安全守则，知道哪些执行机构可能会对人身造成伤害，哪些结构间最容易发生撞击。

其次，了解关于设备每个元件的特性、使用方法、调试方法等。

最后，了解所有电路图、气动液压回路图、装配图等。

（2）检查 I/O，俗称"打点"。

检查 I/O 的方法很多，但是，一定要根据说明书提供的地址依次进行检查。要检查输入输出信号是否正确。

(3) 打开编程软件，进行硬件配置，并将 I/O 地址写在符号表中，不同的 PLC 使用不同的编程软件。

对于任何一种 PLC 编程软件，编程的第一步是进行硬件组态。何为组态？硬件组态就是配置、设定、设置的意思，是用户通过类似"搭积木"的简单方式来完成所需要的功能。组态就是在软件中实现物理世界的组装，建立与硬件一致的配置和通信。

将 I/O 地址写在软件的符号表中并注释，这一步至关重要。

(4) 写出程序流程图。

根据工艺要求，画出 PLC 程序流程图。一个完整的 PLC 流程应包括主程序、停止程序、急停程序、复位程序等。应将各个程序以"块"（子函数）的形式进行编写，即一个程序一个块。最终将每个程序块按需调用即可。

说明：PLC 最擅长的就是顺序控制。

(5) 在软件中编写程序。

在严格推演确认主程序正确的前提下，依据流程图在 PLC 软件中编写程序。

(6) 调试程序。

第一步：先用软件仿真功能测试；

第二步：将程序下传到 PLC 中进行在线测试。

(7) 调试完成后，再次编写程序。

(8) 保存程序。

(9) 填写报告。

完成调试报告，将遇到的问题和程序难点记录下来。

3. HMI 编程原则与步骤

HMI 编程的主要目的是让人们更加方便地与机器进行交互，从而提高生产效率和工作效率。

HMI 编程的核心是人机交互，通过图形化界面、触摸屏、按键等方式，让人们更加方便地与机器进行交互。在 HMI 编程中，需要考虑用户的使用习惯和心理需求，从而设计出符合用户需求的界面。

HMI 编程还要重视数据处理，即要对数据进行分析、计算，实现对机器的控制和监控。在数据处理方面，要考虑数据的准确性、实时性、可靠性，确保系统正常运行。

HMI 编程还需考虑机器的安全。在 HMI 编程中，需要对机器进行安全控制，从而保证机器的安全运行。在安全控制方面，需要考虑系统的运行环境，操作人员的安全和机器的安全等因素。

HMI 编程步骤如下。

第一步：需求分析。

在 HMI 设计之前，首先需要明确用户的需求。

对用户意图、功能要求、操作体验等进行详尽了解，将用户需求转化成准确、详细、可执行的设计方案。同时，多考虑直观度、控制量、报警与提示。

第二步：UI 设计。

选定合适的代表性的控件元素来展示功能状态和程序输出结果，以达到用户方便易用的目的。同时，考虑控件的位置、颜色、大小设置。

第三步：程序设计。

第四步：测试与验证。

测试与验证分两个阶段，分别是模拟操作和实际操作。模拟操作可以在设计过程中检测程序和控件设计的可行性、正确性、健壮性。实际操作可以确保设计程序为访问指定设备、数据的功能提供足够保障。

二、引导问题

引导问题 10：生产工艺流程图（program flow 或者 program flow drigram）对最终实际智能奶粉生产线集成具有非常重要的作用。根据设计理念，画出奶粉生产工艺流程以及各设备的动作内容，形成最后的工艺流程图。

📩**引导问题 11**：根据生产流程图，做出智能奶粉生产线的总控系统程序流程图，并做好相应的说明。

引导问题 12：根据智能奶粉生产线操作要求以及监控要求，设计系统总监控 HMI 界面，要求界面美观、高效、方便操作。

三、任务实施

编写智能奶粉生产线系统总控程序和 HMI 程序,实现其智能化的生产过程。

学习情境评价与反思

一、学习情境评价

根据学习情境工作任务完成情况以及在实施过程中的相关记录,对照工作任务需要分析表、工作任务实施计划表的内容,对本学习情境工作任务完成情况进行全面、客观、认真的自我评价、互相评价、教师评价,填写工作任务实施评价表(表4-3)。

表4-3 工作任务实施评价表

部门:　　　　　　　　　　　　　　　　填报人:

任务名称			承担项目组		
完成时间			完成情况	○完成	○未完成
自我评价	人:				
	机:				
	物:				
	法:				
	环:				
互相评价					
教师评价					
备注					

二、学习情境工作任务实施反思

针对学习情境工作任务实施全过程中出现的问题、完成的情况、方法的合理性等进行认真的复盘与反思,总结工作经验和解决问题的方法。

引导问题 13:请写出多机器人工作站集成的关键技术点在哪里?

引导问题 14:多机器人工作站集成的难点在哪里?

学习情境拓展

思考:
(1) 目前多机器人工作站的组成有哪些常见设备?

(2) 多机器人工作站的发展趋势是什么?

学习情境五

工业机器人系统运行与维护

学习情境目标

理论知识目标：
理解工业机器人系统运行与维护的概念；
了解工业机器人系统维护的常用设备；
了解工业机器人系统点检的作用；
了解工业机器人系统的常见故障。

技术技能目标：
会用正确的设备对工业机器人系统进行监测与检查；
会设计和使用工业机器人系统点检表；
会进行零点校准、数据备份、计数器更新、电池更换等操作；
会根据故障现象合理判断及解决故障。

职业素养目标：
树立求实创新的职业素养；
树立社会主义核心价值观；
培养数字化交流的能力；
培养共享的新发展理念。

学习情境描述

放眼全球，新一轮科技革命和产业变革深入发展，新一代信息技术与产业深度融合，新技术、新产业、新业态、新模式的四新经济形态快速发展。工业机器人这种数字设备已经成为制造业与服务业生产过程最常见的设备和技术。

你所在的自动化公司成功地完成了为食品公司传统奶粉生产线智

能化、数字化、绿色化的升级改造工作。由于新生产流程中包含了各种各样的工业机器人，因此，原有的操作、运维都发生了改变，对操作人员提出了更高的要求。食品公司向你所在的公司提出以下要求：

（1）设计与编制工业机器人系统集成后的操作、运维手册；
（2）培训操作人员常规运维技术和故障解决的思路；
（3）制定智能奶粉生产线的注意事项和点检表。

 学习情境分析

一种新的生产力系统要发挥高效的工作效率和提升产品质量，必须要正确操作和正确维护与保养。

在工业机器人系统使用中，由于受到使用方法、操作规范、工作时间和工作环境等因素的影响，系统技术状况会发生变化，从而性能逐渐降低，导致生产效率与产品质量下降。因此，要保持工业机器人系统持续良好的工作状态，必须根据所处的工作条件及结构特点，设定正确合理的操作规程、使用方法，同时要建立系统性的保养制度与保养内容。只有做到"管、用、养、修"的有机结合，才能保持系统完好的功能和状态。

工业机器人系统的维护与保养是指对系统中各种设备进行定期检查、清洁、维修与保养，以确保设备的正常运行、延长设备的使用寿命。一般来说，工业机器人系统维护保养内容包括以下几个方面。

（1）定期检查工业机器人系统的运行状态。

工业机器人系统涉及机器人、外围设备、传感器、控制器等多种多样的设备。定期检查包括设备的机械结构、电气系统、液压系统、气动系统等方面。通过定期检查可以及时发现设备的故障和隐患，及时进行维护与保养。

（2）清洁工业机器人系统的表面和内部。

清洁工业机器人系统各种设备表面和内部卫生，防止灰尘、油污等杂物对设备的损害。保持设备通风畅通，防止设备过热而损坏。

（3）更换工业机器人系统的易损件。

易损件如轴承、密封件、皮带、滤芯等，需要根据使用情况和寿命定期更换。

（4）润滑工业机器人系统的各设备。

设备润滑可以减少设备的磨损和摩擦。

（5）调整工业机器人系统的设备参数。

根据工业机器人系统的生产使用情况，及时调整或重新设置相关设备的参数，包括机械参数、电气参数。

引导问题 1：通过互联网查询有关工业机器人系统运行与维护的相关内容，列出智能奶粉生产线中用到的全部设备，经过数据或信息清洗后，写出运行智能奶粉生产线操作规程的提纲。

学习笔记

引导问题2：通过互联网查询有关工业机器人系统运行与维护的相关内容，列出智能奶粉生产线中使用的全部设备，经过数据或信息清洗后，写出运行智能奶粉生产线维护与保养的提纲。

依据对学习情境的分析和完成引导问题的内容，认真填写工作任务需求分析表（表 5-1）。

表 5-1 工作任务需求分析表

部门：　　　　　　　　　　　　　　　　　　　填报人：

情境任务名称	
完成时间	完成形式
任务内容	1. 2. 3. 4. 5.
知识点	1. 2. 3. 4. 5.
技能点	1. 2. 3. 4. 5.
备注	

学习情境实施

经过学习情境分析，明确本学习情境的工作任务是完成智能奶粉生产线操作规程和维护保养制度、方法的编制，以及训练常见故障的检测与解决能力。

为了高效率、高质量地完成工作任务，请认真填写工作任务实施计划表（表 5-2）。要求有具体的工作内容及完成标准、责任人和完成时间。

表 5-2　工作任务实施计划表

部门：			填报人：	
任务名称			项目组名	
完成时间			项目负责人	
任务分工	工作内容及完成标准		责任人	完成时间
备注				

任务 5-1　工业机器人系统操作规程的编制

一、任务资讯

（一）工作任务描述

根据已完成的智能奶粉生产线各个工作站工艺过程、动作要求，以及相关机械、电气设备运行规范，编写一份具备可操作性、先进性的智能奶粉生产线操作规程，并开展对应的培训工作。

（二）工作任务资讯

随着各行各业智能化、数字化、绿色化转型升级步伐的加快，以工业机器人为主要设备的智能化生产线快速增加，这些给制造业提供了高效、精准、灵活，以及新的生产模式。然而，机器人系统操作过程涉及技术多，存在一定的风险。因此，操作人员必须按照规范的操作流程使用工业机器人系统。

一般，工业机器人系统操作规程的编写应从操作前准备、操作中注意事项和操作结束后的收尾工作三个方面进行考虑。

1. 操作前准备工作

（1）工业机器人及整体生产线（站）要有独立的、干净的工作场所。

(2) 操作者应详细阅读工业机器人操作手册，了解其基本特点、性能和技术要求。

(3) 操作前要检查系统各设备情况，确保设备齐全、稳固，并能正常运行。

(4) 操作前应备份有关的参数和程序，以防数据丢失。

(5) 确认系统安全保护装置已开启，并能正常工作。

2. 操作中注意事项

(1) 在机器人系统运行时，操作者必须要在安全区域内观察，必要时采取一定的保护措施，切勿进入机器人运动轨迹区域内。

(2) 操作者应穿戴符合要求的安全防护装备。

(3) 在操作时，绝对不能随意地对工业机器人系统的控制程序、内部开关、软件设置等进行更改。

(4) 对工业机器人系统进行维护、维修时，必须切断电源后再进行。

(5) 操作中遇到问题或故障，必须停止机器人系统工作。

3. 操作结束后的收尾工作

(1) 机器人系统应回归于初始状态。

(2) 清洁操作现场，整理好各工具和备品备件，并恰当处理废物。

(3) 对工业机器人系统进行日常维护，比如清洁、润滑、检查等工作。

总而言之，不同的应用场景下，有不同的工业机器人操作过程，操作人员必须严格遵守相关规定，确保安全生产，提高工作效率和产品质量。

二、引导问题

引导问题3：依据食品公司已经完成的智能奶粉生产线，列出并使用的所有设备，针对每一种设备的运行特征，写出它们的操作流程。

_____
_____
_____
_____
_____
_____
_____

引导问题4：将各设备的操作内容归类整理，提炼出整条工业机器人系统操作前、操作中和操作后的关键点，并列表说明。

三、任务实施

编写智能奶粉生产线操作规程，并在小组之间进行交流和完善。

任务 5-2　工业机器人系统维护与保养

一、任务资讯

（一）工作任务描述

根据智能奶粉生产线运行情况，增强预防维护与保养意识，依据实际情况，设计和编制一份工业机器人系统运行、维护与保养的点检表，并具体说明点检表中所设置内容的原因。

（二）工作任务资讯

工业机器人系统是由众多各类型设备，按照一定工艺组合在一起的，可高质量、高效率完成设定的生产流程，输出高品质的产品。由于系统在运行、使用过程中存在磨损、消耗等问题，对工业机器人系统进行日常、定期的维护与保养是必不可少的。

工业机器人系统维护与保养包括定期清洁和润滑、注意安全操作、有效发现问题以及正确记录和预判系统会出现的问题。

1. 定期清洁和润滑

（1）清洁机器表面：定期清洁机器人及其系统各设备的外观和表面，如油污、灰尘、残留物等，保证机器人的干净整洁，以免损坏外壳和深层。

（2）润滑关节和轴承：确保系统中各设备处于良好的工作状态，定期添加适量的润滑剂（油），以减少摩擦和磨损，并保障机器人系统运行动作顺畅。

（3）检查传感器：机器人系统配有各种传感器，用于感知周围环境和执行不同的任务。定期检查这些传感器，确保其正常工作，可避免误差和故障。

（4）检查电源和线缆：定期检查机器人系统的电源、线缆连接是否松动或损坏，确保电源供应正常，并修复或更换受损的线缆，以免电气故障和安全隐患。

工业机器人系统维护与保养常用工具如图 5-1 所示。

2. 有效的故障排除

工业机器人系统在长期的运行过程中，由于环境、操作不当等因素会出现各种各样的故障。在进行日常维护保养时，需要从以下几个方面开展系统故障排查。

（1）使用合适的工具和检测设备进行系统性的检查与测试，主要涉及工业机器人本体机械、电气系统的检查，观测设备的灵活性、传动装置的磨损以及传感器准确性。如果发现异常，要进行记录，并及

图 5-1　工业机器人系统维护与保养常用工具

时采取措施进行进一步原因的分析和故障排除，以免更大的损坏和生产停工。

（2）定期更换易损件，校准相关设备。

（3）记录和分析故障数据，建立相关数据库，通过大数据建立预防性维护与保养的提示。

工业机器人系统故障排除常用设备如图 5-2 所示。

3. 点检表

为了维持工业机器人系统中设备的原有性能，通过人的五感（视、听、嗅、味、触）或简单工具、仪器，按照预先设定的周期和方法，对设备上的规定部件（点）进行有无异常的预防性周密检查的过程，以使设备的隐患和缺陷能够得到早期发现、早期预防、早期处理，这样的设备检查称为点检。

工业机器人系统点检工作一般原则为"五定"。

（1）定点：对工业机器人系统设定检查的定点部件、部位以及对应检查的项目内容。

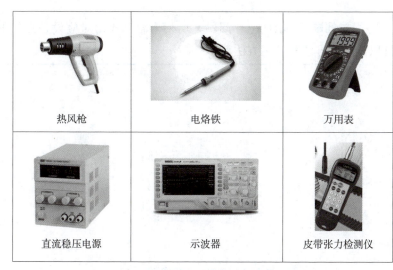

图 5-2　工业机器人系统故障排除常用设备

（2）定法：对工业机器人系统设定定点检查方法，外观还有工具和仪器。方法要科学合理，易于操作。

（3）定标：对工业机器人系统设定点检的维护与保养标准，标准内容应具体、可量化、可操作。

（4）定期：对工业机器人系统设定点检的不同周期，一般分为日、周、月和年等几个时间。

（5）定人：对工业机器人系统设定专人实施点检项目内容。

因此，点检表通常包括点检部件、点检项目、点检方法、点检标准，点检周期和点检责任人等方面的内容。

二、引导问题

引导问题 5：将智能奶粉生产线中所使用的设备进行分类，选出每个设备维护与保养的关键部位（部件），依据设备使用说明和操作经验，制定相关设备的维护与保养项目内容、标准。

✉**引导问题6**：依据引导问题5所列内容，找出对应设备点检的工具以及操作方法和使用方法。

三、任务实施

制作智能奶粉生产线系统设备点检表,并写出使用说明。

任务 5-3　工业机器人系统常见故障排除

一、任务资讯

（一）工作任务描述

归纳、总结工业机器人智能奶粉生产线可能遇到的故障，用正确的方法解决相应的故障；在此基础上，构建起发现问题、分析问题和解决问题的一套故障排除技术技能方法体系。

（二）工作任务资讯

工业机器人系统由许多设备、设施组合而成，在运行与操作过程中，主要有机械方面、电气方面以及程序方面等类别的故障。

1. 电气类故障

工业机器人系统是一个电气类设备，在使用中电气故障是不可避免的。电气故障产生的原因是千奇百怪的，排除故障的方法及方式只能根据故障的具体情况而定，没有严格的模式及方法。

常见电气故障有以下三类。

（1）电源故障：主要有缺电源、电压、频率偏低、极性接反、缺相电源，相序改变，交直流混淆等。

（2）电路故障：主要有断路、短路、短接、接地、接线错误等。

（3）设备和元件故障：主要有过热、不能运行、电气击穿、性能变劣等。

根据故障现象分析故障原因，是查找电气故障的关键。分析的基础是对工业机器人本体及系统中相关电气装置的构造、原理、性能的充分理解，并结合实际现象和电工知识综合判断。某一电气故障产生的原因可能很多，重要的是在众多的原因中找出最主要的。

一般地，工业机器人系统电气故障分析常用的方法有电阻测试法，电压测试法，电流测试法，常规检查法，更换原配件法，直接检查法，逐步排除法，调整参数法，比较、分析、判断法等。

解决电气故障的过程如下。

（1）观察和调查故障现象。

故障现象的同一性和多样性给查找故障带来了复杂性。但是，故障现象是查找电气故障的基本依据，是故障的起点。

（2）分析故障原因。

分析故障原因是查找电气故障的关键，分析的基础是掌握电工知识，这样才能对电气部件充分理解。

（3）确定故障部件，进行故障维修。

实例1：工业机器人本体电机过载或堵转故障。

电机处于过载或恢复时间过长会导致发生过载或堵转的故障。由于油位过低、润滑脂不足，导致电机转子磨损加剧，从而出现电机过载或堵转故障。

实例2：电机伺服系统的参数设定不当或电子元件不良引起的故障。具体表现为伺服系统无法响应指令、响应慢，或加减速度不准确等。

2. 机械类故障

工业机器人作为一种机电一体化设备，机械部件在运转过程中，由于产品质量、操作不当会发生机械故障。

常见的机械故障有以下几类。

（1）机械传动系统故障。工业机器人系统在运行中，会出现齿轮磨损和皮带断裂等问题，导致系统不能正常运行。

（2）轴承故障。工业机器人系统在长期运行中，摩擦、磨损会导致轴承失去正常的转动效率，或者受力大、转速快，导致轴承疲劳、裂纹，使其失效。

（3）密封件故障。工业机器人系统在运行过程中，由于密封件损坏、软化、老化，导致泄漏、侵蚀，使系统不能正常工作。

总之，工业机器人系统长时间使用必然会发生某些损坏，因此需要及时检查并更换损坏的元件，保障系统的正常运行。

3. 程序类故障

工业机器人系统是依据各种控制器，按照程序指令有序动作来完成相应的工作任务。因此，程序对一个系统的作用至关重要。

在工业机器人系统中，常见程序故障有以下几类。

（1）程序崩溃。在执行任务时，工业机器人系统各类软件出现异常崩溃，可能是由于程序缺陷、内存泄漏等原因引起的。

（2）程序编写存在隐患或错误，导致工作不正确。

（3）人工智能功能无法实现，如错误语音播放。

（4）系统错误。由于操作者操作失误或者电路设计不当，使系统软件整体不能运行。

二、引导问题

引导问题7：工业机器人本体电池没电的更换方法是什么？

一般，工业机器人系统中的电池主要用于保存机器人控制器的一些重要数据、参数、时间设置和错误日志等信息。该电池在设备正常运转时，能够自行充电。当工业机器人关机时，电池给SMB板供电。如果不能正常供电或断开电池与SMB板的连接，再开机后就会出现："事件消息38200，电池备份丢失的故障"。

出现上述错误的解决方法如下：

(1) 检查 SMB 板、电池连接是否正确，并确认电池是否有电；

(2) 调整 ABB 机器人到校准状态，拆下备份电池盖，拿出电池，断开电池电缆连接；

(3) 更换新的电池，重新插上连接电缆，并安装新的电池，盖上后盖；

(4) 开机后，移动机器人各轴到零位，并执行校准里面的转数计数器更新；

(5) 在确保安全条件满足后，试运行。

引导问题 8：转数计数器的作用有哪些？如何进行转数计数器的更新？

ABB 工业机器人内部有转数计数器，是用独立的电池供电，以记录各轴的数据。ABB 工业机器人转数计数器更新操作也可以称为工业机器人的零点标定。机器人每个关节都是由伺服电机控制的，并且安装了绝对式编码器，机器人系统就是通过编码器反馈的数据知道关节的位置，但还需要对机器人关节定义机械原点（零度位置），并告诉机器人系统，机械原点位置对应编码器的数据是多少，这就是我们平时所说的零点标定。ABB 工业机器人各轴机械原点位置如图 5-3 所示。

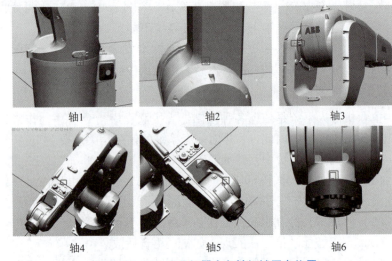

图 5-3　ABB 工业机器人各轴机械原点位置

出现以下情况时，需要对机器人进行转数计数器的更新操作：

(1) 更换伺服电机转数计数器的电池后；

(2) 当转数计数器发生故障，修复后；

(3) 转数计数器与测量板之前断开过；

(4) 断电后，机器人轴发生了移动；

(5) 当报警系统提示"20032 转数计数器未更新"时（图 5-4）。

转数计数器更新步骤（零点校对方法）：

(1) 使用手动操作让机器人各轴运动到机械原点刻度位置（图 5-5），各轴运动的顺序是 4—5—6—1—2—3；

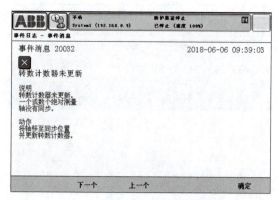

图 5-4 转数计数器未更新提示

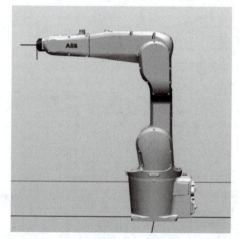

图 5-5 ABB 工业机器人各轴处于机械原点位置时的完整姿态

(2) 单击 ABB 主菜单下拉菜单,单击"校准"(图 5-6)。

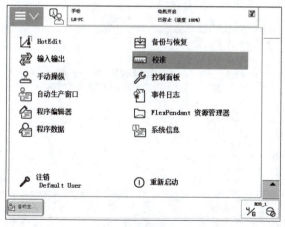

图 5-6 单击"校准"

(3) 在校准界面中,单击"ROB_1 校准"(图 5-7)。
(4) 在校准的 ROB_1 界面中,单击"手动方法(高级)"(图 5-8)。

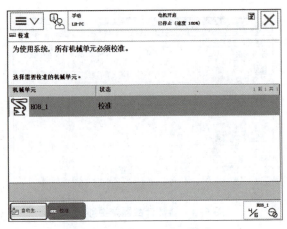

图 5-7　单击"ROB_1 校准"

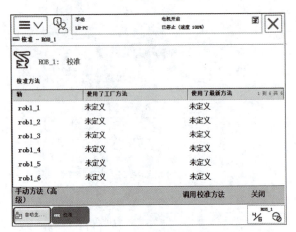

图 5-8　单击"手动方法（高级）"

（5）在校准的 ROB_1 界面中，选择左侧的"校准参数"，单击"编辑电机校准偏移…"（图 5-9）。

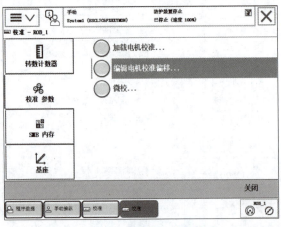

图 5-9　单击"编辑电机校准偏移…"

（6）将机器人本体上的电机校准偏移值记录下来（图 5-10），填入校准参数 rob=1_1 至 rob=1_6 的偏移值中（图 5-11），单击"确定"按钮。

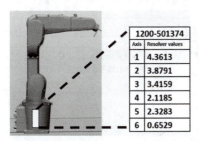

图 5-10　某型号 ABB 机器人本体上的电机校准偏移值

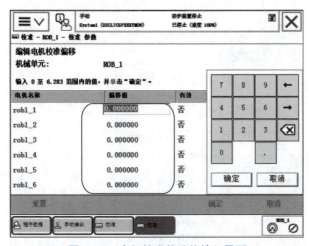

图 5-11　电机校准偏移值填入界面

（7）在跳出的系统弹窗中，单击"是"（若要使设置的参数有效，必须重新启动系统）（图 5-12）。

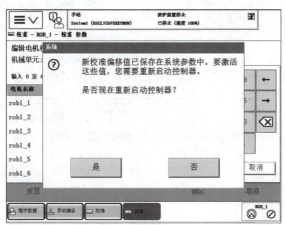

图 5-12　单击"是"

（8）单击 ABB 主菜单下拉菜单，选择"校准"（重启后需要进一步校准）（见图 5-6）。

（9）在校准界面中，单击"ROB_1 校准"（图 5-7）。

（10）在校准的 ROB_1 界面中，单击"手动方法（高级）"（图 5-8）。

(11) 系统提示是否更新转数计数器,选择"是"(图5-13)。

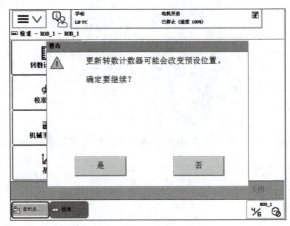

图 5-13 选择"是"

(12) 单击"全选",然后单击"更新"(图5-14)。

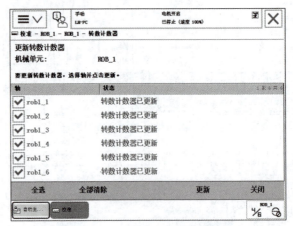

图 5-14 "全选"后单击"更新"

(13) 单击"更新"按钮,完成转数计数器更新(图5-15)。

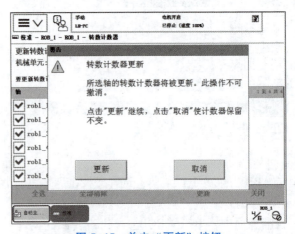

图 5-15 单击"更新"按钮

引导问题 9：定时对工业机器人数据进行备份，是保证工业机器人正常工作的良好习惯。数据备份的对象是所有正在系统内存运行的 RAPID 程序和系统参数。数据备份的作用是当机器人系统出现错乱或者重新安装新系统以后，可以通过备份快速地把机器人恢复到备份时的状态。

请以 ABB 工业机器人为目标，写出数据备份的步骤，并加以说明。

三、任务实施

认真复盘智能奶粉生产线整体工作流程和设备特点，编写系统常见故障与分析、解决指导书（框架以及个别实例）。形成使用技术技能解决实际复杂问题的思维方法。

学习情境评价与反思

一、学习情境评价

根据学习情境工作任务的完成情况以及实施过程中的相关记录，对照工作任务需求分析表、工作任务实施计划表的内容，对本学习情境工作任务完成情况进行全面、客观、认真的自我评价、互相评价、教师评价，填写工作任务实施评价表（表5-3）。

表5-3 工作任务实施评价表

部门： 填报人：

任务名称			承担项目组	
完成时间			完成情况	○完成 ○未完成
自我评价	人：			
	机：			
	物：			
	法：			
	环：			
互相评价				
教师评价				
备注				

二、学习情境工作任务实施反思

目前，我国制造业正处于由制造向智造转型升级的关键阶段，伴随生产方式的变革、信息技术与先进制造技术深度融合，需要大量操作技能高、具有创新思维、熟练运用数智技术的"数字工匠"。

在当前社会中，在年轻人看来，当工人即使没有吃大苦流大汗的苦累脏，也会面临职业上升空间不足、成长路径单一、社会认同度较低、工资待遇不高、职业吸引力不强等问题。但是数字时代下的生产正在发生深刻的变化，生产线系统集成、现场管理、设备运维等新技能要求应运而生，过去简单重复的机械式工作，正转变为管理、分析、运维等高技能的工作。智能生产线并非只需工人按下按钮，高素质技术技能的工人仍是生产线的"灵魂"，他们需要向技术复合型、知识创新型转变。在数字时代需要"数字工匠"。

针对学习情境工作任务实施全过程中出现的问题、完成的情况、方法的合理性等进行认真的复盘与反思，总结工作经验和解决问题的方法。

引导问题 10：工业机器人系统的保养与维护是为了保障机器人安全运转和减少机器人故障停机的时间。机器人必须经常定期保养，这一点直接影响系统的使用寿命。作为技术人员要充分认识到机器人系统维护的重要性，工业机器人系统的维护与保养可分为一般性保养和例行维护。一般性保养是指在机器人系统操作前、操作中、操作后的相关设备的保养工作，而例行维护主要是针对控制柜的维护与和机器人本体的维护。

作为未来工业机器人领域的能工巧匠，你能否根据企业生产实际情况制定机器人本体及控制柜的维护与保养计划？

_____
_____
_____
_____

引导问题 11：工业机器人控制系统的主要任务是控制工业机器人在工作空间中的运动位置、姿态和轨迹、操作顺序及动作的时间等。作为控制系统的硬件主体，工业机器人主机是出故障较多的部分。常见的故障有串口、并口、网卡接口失灵，无法进入系统等。面对众多故障，作为新时代的未来现场工程师，你能够迎难而上吗？

_____
_____
_____

学习情境拓展

工业机器人系统配有各种自我诊断及异常检测功能,即使发生异常也能安全停止,即便如此,因机器人造成的事故仍然时有发生。"突发情况"使作业人员来不及实施"紧急停止""逃离"等行为避开事故,极有可能导致重大事故发生。

思考:

(1) 请写出工业机器人的常见"突发情况"。

(2) 请写出工业机器人出现"突发情况"时的对策。

学习情境六

智能制造 MES 系统与工业互联网

学习情境目标

理论知识目标：
了解智能制造的概念、内涵；
了解 MES 系统的组成、功能及特点；
了解工业互联网的概念、组成；
了解工业互联网在工业生产领域的应用现状。

技术技能目标：
会看懂 MES 系统信息标准；
会规划智能生产的 MES 系统框架；
会应用初浅的工业互联网技术；
会组建工业机器人系统的工业互联网数据通道。

职业素养目标：
树立社会主义核心价值观；
树立可持续发展的职业理念；
培养数字化技术技能；
增强主动应用新发展理念的意识。

学习情境描述

产业数字化是数字经济发展的重要特征，是经济发展新动能的重要源泉。近年来，随着工业互联网应用领域不断拓展，制造业数字化规模逐渐提升。为了实现全链条、全要素、全方位的管理，使各环节的联系逐步加深，MES 系统成了生产系统的标配，其应用主要体现在智能制造（intelligent manufacturing, IM）方面。

食品公司继续依照国家战略部署（规划），在智能奶粉生产线上引入先进的数字技术，开发对应的 MES 系统和整个公司的工业互联网架构，实现从养殖到配送的全流程升级。由于你所在的公司在前期给食品公司树立了智能化改造的良好形象,食品公司想让你所在的公司普及一个 MES 系统和工业互联网的知识,并初步提供一个 MES 系统方案和工业互联网的架构。

 ## 学习情境分析

一、智能制造

智能制造是一种由智能机器和人类专家共同组成的人机一体化智能系统,它在制造过程中能进行智能活动,诸如分析、推理、判断、构思和决策等。

智能制造和传统制造相比,具有以下几个特征。

(1) 自律能力。即搜集与理解环境信息和自身的信息,并进行分析判断和规划自身行为的能力。强有力的知识库和基于知识的模型是智能系统或智能机器人的自律能力的基础。

(2) 人机一体化。智能制造是一种混合智能,具有人工智能的智能机器推理、预测、判断的专家系统和神经网络,加上人类专家灵感(顿悟)思维能力。

(3) 虚拟现实技术。以计算机为基础,融合信号处理、动画技术、智能推理、预测、仿真和多媒体技术于一体,模拟实际制造过程和未来产品,从感官上、视觉上使人获得完全相同真实感受的智能界面。

(4) 自组织超导性。智能制造系统中各组成单元能够依据工作任务需求,自行组织一种最佳结构、最佳方式。

(5) 学习与维护。智能制造系统能够在实践中不断地充实知识库,具有自学习功能。同时,在运行过程中进行自行故障诊断,并具备对故障进行自行排除、自行维护的能力。

智能制造主要由以下几个要素构成。

1. 智能设计

智能制造中的智能设计包括产品设计,工艺设计等诸多方面,将智能化技术与智能生产工艺的各个环节结合,引入智能数据分析、智能诊断,以及样机试验和模拟仿真等方式进行功能与性能的测试与优化。

2. 智能产品

智能产品指在产品制造、物流、使用和服务过程中,能够具有自感知、自诊断、自适应、自决策的功能及特征,使得生产过程从"被动生产"变为"主动"配合生产。

3. 智能生产

智能生产主要包括两部分:一部分是智能制造工艺与装备,智能化的制造装备可以完成与制造工艺的"主动"配合，实现设备一人一工艺间的高效协同；另一部分是智能制造过程，针对制造工厂或车间，引入智能技术与管理手段，实现生产资源最优化的配置，生产任务和物流实时优化调度、生产过程中精细化管理和智慧科学管理决策。

4. 智能管理

智能制造中的智能管理是指综合利用先进制造理念、方法和系统，如产品全生命周期管理、虚拟制造等，提高企业生产效率、拓展价值空间。再比如利用数字化、互联网和虚拟工艺规划与生产管理技术，能够实现大规模批量定制生产和个性化小批量生产的需求。

智能制造系统架构通过生命周期、系统层级和智能功能三个维度构建完成，主要解决智能制造标准体系结构和框架的建模研究，如图 6-1 所示。

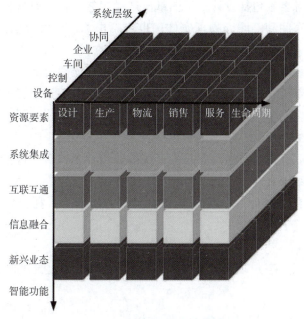

图 6-1　智能制造系统架构

（1）生命周期。

生命周期是由设计、生产、物流、销售、服务等一系列相互联系的价值创造活动组成的链式集合。生命周期中各项活动相互关联、相互影响，不同行业的生命周期构成不尽相同。

（2）系统层级。

系统自下而上共五层，分别为设备层、控制层、车间层、企业层和协同层。智能制造的系统层级体现了装备的智能化和互联网的协议化，以及网络的扁平化趋势。

①设备层级包括传感器、仪器仪表、条码、射频识别、机器、机

械和装置等，是企业进行生产活动的物质技术基础；

②控制层级包括可编程逻辑控制器、数据采集与监视控制系统（SCADA）、分布式控制系统（DCS）和现场总线控制系统（FCS）等；

③车间层级实现面向工厂/车间的生产管理，包括制造执行系统（manufacturing execution system，MES）等；

④企业层级实现面向企业的经营管理，包括企业资源计划系统（ERP）、产品生命周期管理（PLM）、供应链管理系统（SCM）和客户关系管理系统（CRM）等；

⑤协同层级由产业链上不同企业通过互联网共享信息实现协同研发、智能生产、精准物流和智能服务等。

（3）智能功能。

智能功能包括资源要素、系统集成、互联互通、信息融合和新兴业态五层。

①资源要素包括设计施工图纸、产品工艺文件、原材料、制造设备、生产车间和工厂等物理实体，也包括电力、燃气等资源。此外，人员也可视为资源的一个组成部分。

②系统集成是指通过二维码、射频识别、软件等信息技术集成原材料、零部件、能源、设备等各种制造资源，由小到大实现从智能装备到智能生产单元、智能生产线、数字化车间、智能工厂，乃至智能制造系统的集成。

③互联互通是指通过有线、无线等通信技术，实现机器之间、机器与控制系统之间、企业之间的互联互通。

④信息融合是指在系统集成和通信的基础上，利用云计算、大数据等新一代信息技术，在保障信息安全的前提下，实现信息协同共享。

⑤新兴业态包括个性化定制、远程运维和工业云等服务型制造模式。

二、生产制造执行系统

生产制造执行系统是面向现在所有制造型企业车间的一个生产信息化的管理系统，是智能制造的核心，它覆盖了整个智能制造的全流程，被人们称为智能制造的"一公里"工程，因为一个MES系统涉及一个企业生产的方方面面和最基础的信息、数据等。

通常，MES系统包括资源分配与状态，操作/详细调度、分析生产单元、文档管理、数据采集/获取、人力管理、质量管理、过程管理、维护管理、产品跟踪、性能分析、物料管理等功能。

MES系统填补了上层生产计划与底层工业控制之间的鸿沟，从底层数据采集开始到过程监测和在线管理，一直到成本相关数据管理，构成了完整的生产信息化体系。MES 系统框图如图 6-2 所示。

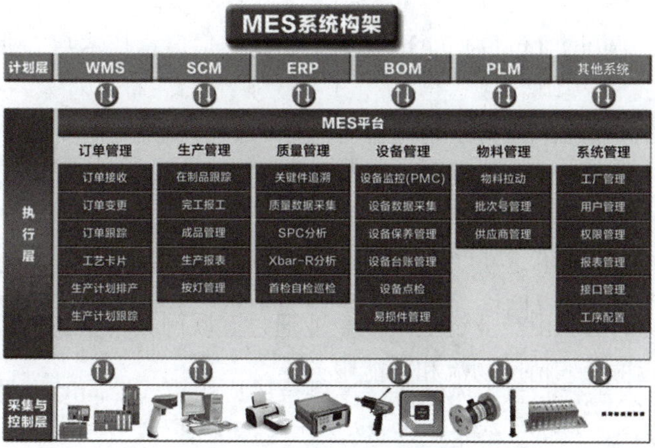

图 6-2 MES 系统框图

通常，一个完整的 MES 系统设计、开发的流程或者内容如下。

1. 生产车间（或工厂）建模和基础数据设置

通过类似搭积木的方式将不同的应用功能组合在一起，根据物理模型和逻辑模型（业务流程、工艺路线）完成生产车间（或工厂）的模型创建，为业务模块提供数据支撑。

2. 生产过程监控和生产实际数据反馈

以生产过程的实时数据为基础，利用组态技术实现对生产车间、动力能源车间、辅料库、成品库等生产区域的生产进度、工艺质量、物料消耗情况进行实时监控。生产过程监控系统发现异常，可以按照预先设置做出报警。

3. 生产管理

生产管理功能就是实现计划的编制、跟踪、生产数据的分析以及考核管理等，涉及生产计划管理、生产组织、车间考核和人员管理、生产数据分析等子系统。

4. 设备管理与设备状态监控

通过工厂建模实现资源定位，实现设备的使用规范、安全规程的管理，实现设备维修、维护、点检跟踪管理。

5. 生产调度和应急指挥系统

该系统负责制订生产计划，包括确定生产任务的数量、时间和优先级等信息，并根据企业的生产资源和工艺要求进行合理规划和调度。这个模块可以帮助企业实现生产计划的自动化管理，提高生产效率和生产计划的准确性。

三、工业互联网介绍

工业互联网（industrial Internet）是新一代信息技术与工业经济深度融合的新型基础设施、应用模式和工业生态，通过对人、机、物、系统等的全面连接，构建起覆盖全产业链、全价值链的全新制造和服务体系，为工业或产业数字化、网络化、智能化发展提供了实现途径，是第四次工业革命的重要基石。

工业互联网不是互联网在工业的简单应用，而是具有更为丰富的内涵和外延。它以网络为基础、平台为中枢、数据为要素、安全为保障，既是工业数字化、网络化、智能化转型的基础设施，也是互联网、大数据、人工智能与实体经济深度融合的应用模式，同时也是一种新业态、新产业，将重塑企业形态、供应链和产业链。

从（工业）经济发展角度，工业互联网为制造强国提供关键支撑。

（1）推动传统工业转型升级。通过跨设备、跨系统、跨厂区、跨地区的全面互通互联，实现各种生产和服务资源在更大范围、更高效率、更精准的优化配置，推动制造业高端化、智能化、绿色化。

（2）加快新兴产业培育壮大。工业互联网促进设计、生产、管理、服务等环节由单点的数字化向全面集成演进，加速创新方式、生产方式、组织方式的深度变革，催生出新模式、新业态、新产业。

工业互联网包含网络、平台、数据、安全四大体系。

（1）工业互联网网络体系包括网络互联、数据互通和标识解析三部分。网络互联实现要素之间的数据传输，典型技术有工业总线、工业以太网，以及创新的时间敏感网络（TSN）、确定性网络、5G等技术。

另外，工业互联网包括企业外网和企业内网。

（2）平台体系包括边缘层、Iaas 层、Pass 层和 Sass 层四个层级，相当于工业互联网的"操作系统"，主要作用如下。

①数据汇聚：采集多源、异构、海量数据，传输至工业互联网平台。

②建模分析：提供大数据、人工智能分析的算法模型和物理各类仿真工具，结合数字孪生、工业智能技术，对数据挖掘分析，实现数据驱动的科学决策和智能应用。

③知识复用：将工业经验知识转化为平台上的模型库、知识库，实现二次开发和重复调用。

④应用创新：面向研发设计、设备管理、企业运营、资源调度等，提供各类工业 APP、云化软件、帮助企业提质增效。

（3）数据体系是工业互联网的要素，数据具有专业性、复杂性和重要性的特征。

(4) 安全体系涉及设备、控制、网络、平台、工业 APP、数据等多方面的网络安全问题，其涉及面广，影响大，企业防护基础弱。

引导问题 1：在前面学习情境分析的基础上，画出食品公司奶粉生产线车间的 MES 系统框图。

学习笔记

📩 **引导问题 2**：用图形画出食品公司工业互联网系统框图，并说明设计的优势和特点。

依据对学习情境的分析和完成引导问题的内容,认真填写工作任务需求分析表(表6-1)。

表 6-1　工作任务需求分析表

部门:　　　　　　　　　　　　　　　填报人:

情境任务名称	
完成时间	完成形式
任务内容	1. 2. 3. 4. 5.
知识点	1. 2. 3. 4. 5.
技能点	1. 2. 3. 4. 5.
备注	

学习情境实施

经过学习情境分析,明确本学习情境的工作任务是针对智能化食品奶粉生产线设计一个 MES 系统方案①和设计一个基于工业互联网的 APP 方案。

为了高质量、高效率地完成工作任务,请认真填写工作任务实施计划表(表6-2),要求有具体的工作内容及完成标准、责任人和完成时间。

表 6-2　工作任务实施计划表

部门：			填报人：	
任务名称			项目组名	
完成时间			项目负责人	
任务分工	工作内容及完成标准		责任人	完成时间
备注				

注①：奶粉生产线经过几轮智能化改造，已经成为一条智能化、数字化、绿色化的生产线。随着生产技术智能化升级，要求生产车间对生产线的管理也要提升，实现数字化管理模式。

任务 6-1　智能奶粉生产（车间）MES 系统设计

一、任务资讯

（一）工作任务描述

食品公司奶粉生产线经过几轮智能化改造，已经成为一条包含多个工业机器人工作站的智能化、数字化、绿色化的生产线。在此基础上，公司也想对生产线的管理提升数字化管理模式。依据智能奶粉生产工艺、设备特性和生产过程等数据，设计一个 MES 系统，实现生产车间的数字化管理。

（二）工作任务资讯

在制造业数字化建设过程中，MES 管理的意义已经被广泛认同与重视。每个制造业企业主要关心三个问题：生产什么？生产多少？如何生产？为了使"计划"到达"生产"环节，如何将生产过程中的变化因素快速反映到"计划"中，就需要在计划与生产之间建立一个"实时信息通道"——MES 系统。用 MES 系统对奶粉生产过程、资源和数据进行集成管理,以提高生产效率和质量,降低生产成本。

1. 通用 MES 系统的组成模块

(1) 物料管理模块:实时追踪原材料、半成品和成品的库存状况,确保生产所需物料的供应。

(2) 质量管理模块:收集生产过程中的质量数据,进行实时分析和反馈,及时提供产品制造过程测量和分析,以确保产品质量控制,并识别需要注意的问题。

(3) 过程管理模块:监控生产过程,自动纠正偏差,或为操作员纠正和改进生产过程中的活动提供决策支持,包括报警管理、智能设备与 MES 之间的接口及数据采集。

(4) 维护管理模块:跟踪指导设备和工具的维护活动,以确保这些资源在制造过程中的可用性,确保定期或预防性维护计划,维护问题及历史信息,支持故障诊断。

(5) 产品跟踪模块:提供所有工作周期及其处理的可见性。例如,零件、材料、批次、序列号等信息。

(6) 数据分析模块:用于对生产数据进行分析和挖掘的模块。它能够对采集的生产数据进行统计、分析和建模,提供有价值的数据报表和决策支持。通过数据分析模块,企业可以深入了解生产过程和生产效率的关键因素,从而优化生产过程,提高企业的竞争力。

(7) 人力资源管理模块:包括员工信息管理、考勤管理、培训管理等功能,能够帮助企业对人力资源进行专业化的管理和优化。通过人力资源管理模块,企业可以提高员工的工作效率和工作满意度,有效地调配和管理人力资源,为企业的发展提供有力支持。

2. MES 系统建设(设计)步骤

(1) MES 是制造执行系统,为生产制造管理服务,旨在提高生产制造执行能力和水平。因此,设计或实施 MES 前,首要问题是对现有的制造执行能力进行分析,根据实际情况找出需求、定出目标。

(2) 确定 MES 系统中最重要的模块——生产运行管理模块的核心,即生产计划、统计与调度。

(3) 做好 MES 系统各模块的集成。

(4) 选择或要求 MES 系统的开发语言,如 Java、C++、Python、SQL(structured query language)。

SQL:结构化查询语言,是一种特殊目的的编程语言,是一种数据库查询和程序设计语言,用于存取数据以及查询、更新和管理数据库系统。

二、引导问题

引导问题 3:根据智能奶粉生产线的工艺流程、功能数据,结合车间管理基本要求,画出食品公司车间级的 MES 系统框架,并对各

功能模块及系统进行说明。

引导问题 4：依据设计的 MES 框架，选择合适的开发语言，画出编写的程序流程图。

三、任务实施

依据智能奶粉生产线的生产工艺、设备情况和物料传递及车间管理等情况选择合适的开发语言,给其开发一个简易的 MES 系统。

任务 6-2 智能奶粉生产工业互联网 APP 设计

一、任务资讯

（一）工作任务描述

随着新一代信息技术与制造业的深度融合，工业互联网已经成为产业数字化的标志性应用，不仅能提高生产效率、产品质量，还能实现生产的智能化、绿色化、数字化。在奶粉智能化 MES 系统基础上，引入工业互联网技术，搭建奶粉智能化生产新生态，并开发定制化生产的 APP。

（二）工作任务资讯

1. 工业互联网导图

工业互联网是新一代信息通信技术与工业经济深度融合的新型基础设施、应用模式和工业生态，通过对人、机、物、系统等的全面连接，构建起覆盖全产业链、全价值链的全新制造和服务体系，为工业乃至产业数字化、网络化、智能化发展提供了实现途径，是第四次工业革命的重要基石。

工业互联网不是互联网在工业上的简单应用，而是具有更为丰富的内涵和外延。它以网络为基础、平台为中枢、数据为要素、安全为保障，既是工业数字化、网络化、智能化转型的基础设施，也是互联网、大数据、人工智能与实体经济深度融合的应用模式，同时也是一种新业态、新产业，将重塑企业形态、供应链和产业链。工业互联网组成如图 6-3 所示。

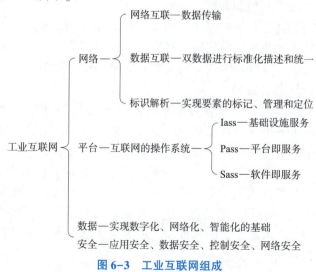

图 6-3 工业互联网组成

2. 工业互联网的技术及应用

工业互联网的关键核心技术主要涵盖"一硬（工业控制）+一软（工业软件）+一网（工业网络）+一安全（工业信息安全）"四大基础技术，"边缘智能+工业大数据分析+工业机理建模+工业应用开发"四大关键技术，以及"开源平台+开源社区"两大撒手锏技术。工业互联网主要技术如图 6-4 所示。

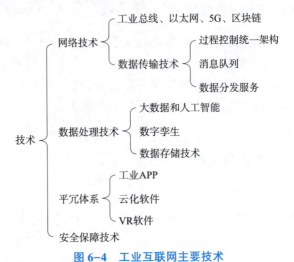

图 6-4　工业互联网主要技术

3. 工业互联网的开发语言

（1）C#是由 C 和 C++衍生出来的一种安全的、稳定的、简单的、优雅的面向对象编程语言。它在继承 C 和 C++强大功能的同时去掉了一些它们的复杂特性（例如没有宏以及不允许多重继承）。C#综合了 VB 简单的可视化操作和 C++的高运行效率，以其强大的操作能力、优雅的语法风格、创新的语言特性和便捷的面向组件编程的支持成为 NET 开发的首选语言。

（2）Java 是一门面向对象的编程语言，不仅吸收了 C++语言的各种优点，还摒弃了 C++难以理解的多继承、指针等概念，因此 Java 语言具有功能强大和简单易用两个特征。Java 语言作为静态面向对象编程语言的代表，极好地实现了面向对象理论，允许程序员以优雅的思维方式进行复杂的编程。

（3）Python 提供了高效的高级数据结构，还能简单有效地面向对象编程。Python 语法和动态类型，以及解释型语言的本质，使它成为多数平台上写脚本和快速开发应用的编程语言，随着版本的不断更新和语言新功能的添加，逐渐被用于独立的、大型项目的开发。Python 解释器易于扩展，可以使用 C 或 C++（或者其他可以通过 C 调用的语言）扩展新的功能和数据类型。Python 也可用于可定制化软件中的扩展程序语言。Python 丰富的标准库，提供了适用于各个主要系统平台的源码或机器码。

4. 工业互联网与智能制造的区别

（1）概念上的区别。

工业互联网是通过工业互联网平台将设备、生产线、工厂、供应商、产品和客户精密地连接和融合在一起，高效共享工业经济中的各种要素资源，从而通过自动化、智能化的生产方式降低成本、增加效率，帮助制造业延长产业公平，推动制造业转型发展。

智能制造，一般包括智能制造技术和智能制造系统。智能制造系统是一种由智能机器人和人类专家共同组成的人机一体化智能系统，能够在制造过程中进行智能活动，进行分析、推理、判断、构思和决策等，延伸了脑力劳动，扩展了柔性化、智能化和高度集成化；而智能制造技术是贯穿于整个制造企业子系统的新技术，如虚拟现实。

（2）核心特征。

工业互联网与智能制造的核心特征如表6-3所示。

表6-3 工业互联网与智能制造的核心特征

序号	工业互联网	智能制造
1	智能机器（传感器、控制器、软件）	自律能力
2	高级分析	人机一体化
3	工作人员：智能设计、操作、维护以及高质量的服务	虚拟现实技术：拟实制造和未来
4	—	自组织柔性
5	—	学习与维护

智能制造是制造业追求实现的结果和目标；工业互联网是实现智能制造的发展模式和有效途径，也是智能制造的关键基础设施、使能技术。

工业互联网是工业企业数字化转型的核心生产要素和推动力，智能制造需要借助工业互联网打造全新的工业生态系统。企业会借助工业互联网实现智能制造（智能化生产）。

5. 工业互联网 APP

工业互联网 APP 是一种基于互联网技术的应用程序，主要用于工业领域的数据采集、监测、分析和控制。它可以实现设备、工厂、企业之间的信息共享和协同，提高生产效率、降低成本、优化生产流程和提升产品质量。还可以实现实时监测设备运行状态、生产数据、能源消耗等信息，通过数据分析和预测，帮助企业制定更加科学的生产计划和决策。同时，工业互联网 APP 还可以实现远程控制和调节设备运行状态，提高设备的稳定性和可靠性，在帮助企业实现数字化转型的同时，为用户提供更加便捷、高效的服务体验。

(1) 工业互联网 APP 具有以下特征。

①数据采集和分析：工业互联网 APP 能够实时采集和分析生产过程中的各种数据，包括设备运行状态、生产效率、质量指标等；

②远程监控和控制：通过工业互联网 APP，用户可以实时监控设备运行状态，进行远程控制和调整，提高生产效率和质量；

③智能预警和预测：工业互联网 APP 可以通过数据分析和机器学习算法，实现对生产过程中的异常情况进行预警和预测，及时采取措施避免事故发生；

④信息共享和协同：工业互联网 APP 可以实现不同部门和企业之间的信息共享和协同，提高生产效率和协作效率；

⑤安全可靠：工业互联网 APP 采用多层次的安全措施，确保数据的安全性和可靠性，防止数据泄露和攻击；

⑥可定制化：工业互联网 APP 可以根据用户的需求进行定制化开发，满足不同行业和企业的需求。

(2) 工业互联网 APP 开发路线与架构模式。

工业互联网 APP 开发路线与架构模式需要考虑工业互联网的特殊性质，包括数据安全性、实时性、可靠性等方面。在开发路线上，需要先进行需求分析和功能设计，然后选择合适的技术栈进行开发，同时需要进行测试和优化，确保 APP 的稳定性和用户体验。在架构模式上，可以采用微服务架构，将不同的功能模块拆分成独立的服务，提高系统的可扩展性和灵活性。同时，可以采用云计算和大数据技术，实现数据的快速处理和分析，为用户提供更加智能化的服务。

(3) 工业互联网 APP 关键技术。

①工业 APP 建模。工业 APP 建模是指将工业 APP 的业务流程、数据流程和功能流程进行建模，以便于开发人员能够更加清晰地了解 APP 的整体架构和各个模块之间的关系，从而更加高效地进行开发和维护。主要包括如下几个方面。

业务建模：通过对工业 APP 的业务流程进行建模，可以清晰地了解 APP 的业务逻辑和各个业务模块之间的关系，从而更加高效地进行开发和维护。

数据建模：通过对工业 APP 的数据流程进行建模，可以清晰地了解 APP 的数据结构和各个数据模块之间的关系，从而更加高效地进行数据管理和数据分析。

功能建模：通过对工业 APP 的功能流程进行建模，可以清晰地了解 APP 的各个功能模块之间的关系和功能实现方式，从而更加高效地进行功能开发和功能测试。

②工业 APP 数据管理。工业 APP 数据管理指对工业 APP 中产生的数据进行收集、存储、处理和分析的过程。数据管理是工业互联网 APP 的重要组成部分，它可以帮助企业更好地了解生产过程、优化生

产流程、提高生产效率和降低成本。主要任务包括如下几个。

数据收集：通过传感器、监测设备等采集数据，并将其传输到云端或本地服务器。

数据存储：将采集到的数据存储到数据库中，以便后续的数据分析和处理。

数据处理：对采集到的数据进行清洗、筛选、转换等处理，以便更好地进行数据分析。

数据分析：通过数据分析工具对采集到的数据进行分析，以便更好地了解生产过程、优化生产流程、提高生产效率和降低成本。

数据可视化：将分析结果通过图表、报表等形式展示出来，以便企业管理人员更好地了解生产情况。

③工业技术封装。工业 APP 是一种基于移动互联网技术的工业应用软件，主要用于工业生产、管理、监控等方面。它将工业技术进行封装，使得用户可以通过手机、平板等移动设备随时随地进行工业数据的查询、分析和控制。工业 APP 具有实时性、便捷性、高效性等优点，可以帮助企业提高生产效率、降低成本、提升管理水平。同时，还可以为用户提供智能化的工业解决方案，帮助用户实现数字化转型，提高企业竞争力。

④技术对焦集成。技术对焦集成是指将对焦功能集成到工业 APP 中，使用户可以通过 APP 实现对焦操作。这种技术可以应用于各种工业设备，如相机、显微镜、望远镜等。通过对焦集成，用户可以更加方便地进行对焦操作，提高工作效率和精度。同时，对焦集成还可以实现自动对焦功能，减少人工干预，提高工作效率。总之，工业 APP 技术对焦集成是一种方便、高效、智能的工业技术。

（4）工业互联网 APP 的开发平台。

①工业 APP 建模环境模块。工业 APP 建模环境模块是指在工业 APP 中，用于模拟和分析工业环境的模块。该模块可以帮助工业企业更好地了解其生产环境，优化生产流程，提高生产效率和质量。该模块可以通过传感器等设备采集环境数据，如温度、湿度、气压、光照等，将这些数据实时传输到工业 APP 中，以便进行分析和处理；可以根据采集的环境数据，模拟出工业环境的实际情况，如温度分布、湿度分布、气压分布等，以便工业企业更好地了解其生产环境；可以对采集的环境数据进行分析，如通过温度数据分析生产设备的运行状态、通过湿度数据分析生产设备的维护需求等，以便工业企业更好地管理其生产环境；可以根据环境分析结果，对生产环境进行优化，如通过调整温度、湿度等参数，优化生产流程，提高生产效率和质量；还可以根据环境数据的变化情况，提前预警可能出现的问题，如温度过高、湿度过低等，以便工业企业及时采取措施，避免生产事故的发生。

②工业APP模板库模块。工业APP模板库模块是一种集成了各种工业应用场景的模板库，可以帮助企业快速搭建自己的工业APP。该模块包含了多种工业应用场景，如生产管理、设备监控、质量管理、物流管理等，可以根据企业的需求进行选择和定制。该模块的优点在于：提高了企业的生产效率和产品质量，减少了生产成本和人力资源的浪费；提供了丰富的数据展示和分析功能，帮助企业实现数据驱动的生产管理；提供了智能化的预警和报警功能，帮助企业及时发现和解决问题，减少了生产事故和质量问题的发生；提供了多种数据接口和集成方式，方便企业与现有系统进行无缝集成，实现数据共享和协同。

③技术对象资源库模块。技术对象资源库是连接各种工业软件和硬件资源的关键技术。工业APP一般都是以适配器为基础，与外部技术对象进行数据交互，因此，在资源库中，往往会对具有不同技术的适配器进行管理，而资源库则需要对技术对象与适配额之间的匹配关系进行精确的管理。

④工业APP测试环境模块。在工业APP的开发过程中，为了保证APP的质量和稳定性，需要建立一个专门的测试环境，对APP进行全面的测试和验证，可以有效地提高APP的质量和稳定性，减少故障和风险，为用户提供更加可靠的服务。该模块包括以下几个方面：

硬件环境——测试环境需要与实际使用环境相同或相似，因此需要配置与实际使用环境相同的硬件设备，包括服务器、网络设备、终端设备等；

软件环境——测试环境需要安装与实际使用环境相同的软件，包括操作系统、数据库、应用程序等；

测试数据——测试环境需要准备充分的测试数据，包括正常数据、异常数据、边界数据等，以确保APP在各种情况下都能正常运行；

测试工具——测试环境需要使用专门的测试工具，包括性能测试工具、安全测试工具、功能测试工具等，用以对APP进行全面的测试和验证；

测试流程——测试环境需要建立完善的测试流程，包括测试计划、测试用例、测试报告等，以确保测试工作的有效性和可追溯性。

（5）工业互联网APP的开发流程。

第一阶段：需求确定。

①明确应用程序的目标：在开始APP开发之前，需要明确应用程序的目标及定位，想清楚你的APP是要解决哪些问题，面向的是哪类用户等相关问题。

②需求沟通：产品经理与客户进行洽谈沟通，了解APP的开发内容、功能模块、用户人群、核心功能等。

第二阶段：开始制作。

①设计原型：预先设计APP界面和交互设计，以便后期开发时可

以及时调整文档流程，使开发过程清晰明了。

②开发核心功能：根据设计原型及开发计划，开始进行核心功能的开发。

③进行联调测试：完成核心功能模块后，需要进行联调测试，即将各个模块的功能进行整合，确保系统能够正常运作。

④进行功能性测试：在检查每个功能模块运作是否快速、准确，能否支持高并发、大流量情况等。

⑤进行兼容性测试：确保应用程序能在不同的操作系统版本和设备上运行。

第三阶段：正式上线。

①上线发布：对开发完成并通过测试的应用程序进行打包、签名和发布，将其上架到各大应用商店或推广平台，供给用户下载和使用。

②售后服务：后续技术维护、持续跟进、项目运营支撑。

二、引导问题

引导问题 5：画出食品公司智能化生产系统的工业互联网拓扑图。

引导问题 6：规划奶粉定制化生产的 APP 界面、功能以及在工业互联网中的应用路线。

三、任务实施

用合适的语言,开发一款定制化奶粉生产的 APP。

学习情境评价与反思

一、学习情境评价

根据学习情境工作任务的完成情况以及实施过程中的相关记录，对照工作任务需求分析表、工作任务实施计划表的内容，对本学习情境工作任务完成情况进行全面、客观、认真的自我评价、互相评价、教师评价，填写工作任务实施评价表（表6-4）。

表6-4 工作任务实施评价表

部门：　　　　　　　　　　　　　　　填报人：

任务名称		承担项目组	
完成时间		完成情况	
自我评价	人：		
	机：		
	物：		
	法：		
	环：		
互相评价			
教师评价			
备注			

二、学习情境工作任务实施反思

针对学习情境工作任务实施全过程中出现的问题、完成的情况、方法的合理性等进行认真的复盘与反思，总结工作经验和解决问题的方法。

引导问题 7：2015 年，我国提出大力发展智能制造，目标是从工业大国发展为工业强国。我国智能制造系统架构是在德国工业 4.0 参考架构模型的基础上提出的。此架构从生命周期、系统层级和智能特征三个维度对智能制造涉及的活动、装备和特征等内容进行描述。作为未来工业机器人系统集成的能工巧匠、大国工匠，你对此又了解多少？

_____
_____
_____
_____
_____

引导问题 8：发展工业互联网已经成为国家战略，成为实体经济数字化转型的重要支撑。工业互联网已经从缺技术、缺市场走向缺人才，为此，人力资源和社会保障部在 2021 年增加了"工业互联网工程技术人员"和"智能制造工程技术人员"两个新职业。越来越多的岗位都要求使用工业互联网提供或规定的新技术、新方法和新管理流程。你想好如何适应工业互联网背景下的工作岗位，成为新时代的大国工匠了吗？

_____
_____
_____
_____
_____
_____

学习情境拓展

产品定义与生产能力的匹配是生产启动的条件。产品定义描述的是如何生产一件产品以及需要什么条件，而生产能力由当前可用的生产资源决定。所以，为了实现数字化，首先需要对生产资源和产品定义进行描述。

思考：

（1）请结合智能奶粉生产车间案例，完成车间生产资源数据初始

化的全部过程,为 MES 在车间生产执行中发挥作用做好准备。

(2) MES 质量管理聚焦于车间制造过程的质量管理,是对车间生产结点进行质量管控,力求把车间的制造水平持续保持在最佳状态,确保车间能稳定、持续地生产出符合质量要求的产品,减少产品的"质量变异"。

请结合智能奶粉生产车间案例,分析产品的质量数据构成,以及关键的质检项。

参考文献

[1] 谭顺学. PLC 基础及工业以太网控制技术［M］. 北京：北京理工大学出版社，2023.

[2] 谭立新. 工业机器人系统集成［M］. 北京：北京理工大学出版社，2021.

[3] 夏智武，许妍妩，迟澄. 工业机器人技术基础［M］. 北京：高等教育出版社，2018.

[4] 熊隽，文清平. 工业机器人编程与调试（ABB）［M］. 北京：机械工业出版社，2021.

[5] 彭晓兰. 机械制图与 CAD［M］. 3 版. 北京：高等教育出版社，2023.

[6] 李军，朱金峰. 电气制图与 CAD［M］. 2 版. 北京：高等教育出版社，2023.

[7] 彭振云，高毅，唐绍琳. MES 基础与应用［M］. 北京：机械工业出版社，2023.